Analysis I

Theodor Bröcker

Analysis I

2., korrigierte Auflage

Mit 72 Abbildungen

Spektrum Akademischer Verlag Heidelberg · Berlin · Oxford

Titelbild: Das uneigentliche Integral der dargestellten Funktion $2t \sin(t^4)\,dt$ ist konvergent. Der Autor behandelt dieses Beispiel auf Seite 169.

Die Deutsche Bibliothek – CIP-Einheitsaufnahme

Bröcker, Theodor:
Analysis / Theodor Bröcker. – Heidelberg ; Berlin ; Oxford : Spektrum, Akad. Verl.
  1. Aufl. im BI-Wiss.-Verl., Mannheim, Leipzig, Wien, Zürich
1.- 2., korrigierte Aufl. – 1995
  ISBN 3-86025-417-0

© 1995 Spektrum Akademischer Verlag GmbH Heidelberg · Berlin · Oxford

Alle Rechte, insbesondere die der Übersetzung in fremde Sprachen, sind vorbehalten. Kein Teil des Buches darf ohne schriftliche Genehmigung des Verlages photokopiert oder in irgendeiner anderen Form reproduziert oder in eine von Maschinen verwendbare Sprache übertragen oder übersetzt werden.

Umschlaggestaltung: Kurt Bitsch, Birkenau
Druck und Verarbeitung: Franz Spiegel Buch GmbH, Ulm

Spektrum Akademischer Verlag GmbH Heidelberg · Berlin · Oxford

Vorwort

Mit der Entwicklung der Analysis, der Differential- und Integralrechnung, beginnt eigentlich die Mathematik der Neuzeit, und der analytische Kalkül ist auch heute noch die Grundlage jeder mathematischen Bildung. Nur mit den Begriffen der Differentialrechnung lassen sich die Grundgesetze der Physik mitteilen, sie liefert die Sprache der heutigen Geometrie, aber auch die Zahlentheorie beschreibt ihre tiefsten und schönsten Entdeckungen durch analytische Funktionen.

In diesem ersten Band entwickle ich den grundlegenden infinitesimalen Kalkül im Eindimensionalen. Im letzten Kapitel erkläre ich jedoch die metrischen und topologischen Begriffe in abstrakter Allgemeinheit. Ich bringe das Riemann-Integral. Das genügt für's erste, und es ist so axiomatisch gefaßt, daß später nicht alles noch einmal gemacht werden muß.

Was den Aufbau angeht, so führe ich erst das Integral ein, dann die Ableitung, dann kommen die klassischen Funktionen und dann Potenzreihen, wie es übrigens auch am ehesten der historischen Entwicklung entspricht. Ich wende mich ja an Studierende, die aus der Schule schon einige vorläufige Kenntnis mitbringen. Daran werden und dürfen sie sich erinnern, wenn nun zuerst die Fundamente gründlich befestigt und die Hauptsätze des klassischen Kalküls bewiesen werden und es dann mit allen angebrachten Hilfsmitteln an die konkreten Materialien geht: Es leuchtet mir eher ein, die Bogenlänge zu gegebenem Tangens durch ein Integral, als Winkelfunktionen durch Potenzreihen zu definieren, und man nimmt sich so nicht nachher die wichtigsten Beispiele für die Taylorentwicklung.

Der folgende zweite Band, Stoff des zweiten Semesters, behandelt die Differentialrechnung für endlichdimensionale reelle Vektorräume, auch Untermannigfaltigkeiten des $\mathbb{R}^n$ und ihre Tangenten, und er bringt eine Einführung in die allgemeine Maß- und Integrationstheorie mit Spezialisierung für den $\mathbb{R}^n$.

Der dritte Band bringt eine Einführung in die Theorie der gewöhnlichen Differentialgleichungen und erklärt die Grundlagen der globalen Analysis: Satz von Stokes und Integralformel von Gauß.

An viel Schönem, auch an Wichtigem, mußte ich vorbeilaufen. Auf manches werden wir später zurückkommen, wo es seine angemessene Umgebung findet. Manches ergibt sich in der Funktionentheorie einleuchtend und fast wie von selbst, was zu Anfang mühsam wäre. das gilt zum Beispiel für die Partialbruchzerlegung zur Integration der rationalen Funktionen und für die Berechnung uneigentlicher Integrale. Auch die Theorie der elementaren Funktionen mit ihren zahlentheoretischen Aspekten kann sich erst im Komplexen wirklich entfalten. Dies ist ein Skriptum für das erste Semester, ein erster Zugang und Überblick. Wer damit sein Studium beginnt, sollte sich schließlich auch in der weiteren Literatur zurechtfinden.

Herr Martin Lercher hat fast alle Figuren hergestellt, Herr Michael Prechtel hat zahlreiche Verbesserungen am Manuskript angeregt, und Frau Martina Hertl hat für den Drucksatz gesorgt. Ihnen danke ich herzlich.

Für die zweite Auflage habe ich die Schrift vergrößert und bei der Gelegenheit den Text etwas geputzt.

Regensburg, im Herbst 1993 Theodor Bröcker

Inhaltsverzeichnis

Kapitel I: Zahlen 1

1. Axiome 1

2. Anordnung 6

3. Natürliche Zahlen 13

4. Das Vollständigkeitsaxiom 21

Kapitel II: Konvergenz und Stetigkeit 25

1. Folgen und Reihen reeller Zahlen 25

2. Konvergenzsätze 35

3. Stetige Funktionen 51

4. Folgen und Reihen von Funktionen 65

5. Treppenfunktionen 71

Kapitel III: Ableitung und Integral 74

1. Das Riemann-Integral 74

2. Die Ableitung 88

3. Das lokale Verhalten von Funktionen 93

4. Der Hauptsatz 100

5. Logarithmus und Exponentialfunktion 106

6. Winkelfunktionen 110

Kapitel IV: Potenzreihen und Taylorentwicklung 120

1. Potenzreihen 120

2. Taylorentwicklung 132

3. Rechnen mit Taylorreihen 139

4. Konstruktion differenzierbarer Funktionen 145

5. Komplexe Potenzreihen 150

Kapitel V: Konvergenz und Approximation 156

1. Der allgemeine Mittelwertsatz 156

2. Uneigentliche Integrale 160

3. Dirac-Folgen 169

Kapitel VI: Metrische und topologische Räume 177

1. Euklidische Vektorräume 177

2. Orthogonalbasen und Fourierentwicklung 183

3. Mengen 190

4. Metrische Räume 193

5. Topologische Räume 197

6. Summen, Produkte und Quotienten 202

7. Kompakte Räume 206

8. Zusammenhang 214

Aufgaben 216

Zu Kapitel I 216

Zu Kapitel II 217

Zu Kapitel III 220

Zu Kapitel IV 222

Zu Kapitel V 224

Zu Kapitel VI 226

Literatur 230

Symbolverzeichnis 232

Namen- und Sachverzeichnis 234

Kapitel I
Zahlen

Still, meine heil'ge Seele kräuselt sich
Dem Meere gleich, bevor der Sturm erscheint,
Und wie ein Seher möcht ich Wunder künden,
So rege wird der Geist in mir.

Orplid

In diesem Kapitel beschreiben wir den Zahlbereich, auf den sich die Analysis gründet. Wir beginnen mit einem Axiomensystem, das sich schließlich im vorigen Jahrhundert herausgebildet hat. Erst im nächsten Kapitel werden wir im Vorbeigehen auch etwas über die Konstruktion dieses Zahlbereichs andeuten.

§ 1. Axiome

Diese Vorlesung handelt von der Menge $\mathbb{R}$ der reellen Zahlen und den auf ihr oder ihren Teilmengen definierten Funktionen. Was sind reelle Zahlen? Ein Rechner wird sich eine reelle Zahl als meist unendliche Dezimalzahl, die noch ein Vorzeichen $+$ oder $-$ haben kann, vorstellen, wie zum Beispiel

$$3,1415926\ldots$$

Freilich wissen wir wohl, daß die Darstellung reeller Zahlen durch Dezimalentwicklungen nicht ganz eindeutig ist, denn z.B.

$$0,9999\cdots = 1,0000\cdots.$$

Und nur aus dem formalen Rechnen mit Dezimalzahlen gelingt es wohl kaum, die einfachsten algebraischen Rechenregeln zu begründen, wie zum Beispiel $a \cdot (b+c) = a \cdot b + a \cdot c$ für alle $a, b, c \in \mathbb{R}$. Man muß es nur versuchen und sieht bald, welches undurchdringliche Gestrüpp von Schwierigkeiten aus dem genannten scheinbar so geringen Mangel der Notation einer Zahl entsteht.

Dezimalzahlen sind sehr gut geeignet zum Rechnen, auch für Maß- und Geldsysteme — wenn sich auch manche Völker bis in unser Jahrhundert gegen so ein Produkt der Tyrannenwillkür gewehrt haben —, aber sie sind erstaunlich ungeeignet, mathematische Gesetze zu erhellen.

Wer eher geometrische Neigungen hat, wird die Menge der reellen Zahlen durch eine Gerade veranschaulichen, auf der die zwei verschiedenen Punkte 0 und 1 als Wahl von Ursprung und Maßeinheit markiert sind, und zwar aus alter Gewohnheit so, daß die 1 rechts von der 0 steht:

Eine **Funktion** oder **Abbildung** $f : \mathbb{R} \to \mathbb{R}$ ordnet jeder reellen Zahl $x \in \mathbb{R}$ eindeutig eine Zahl $f(x) \in \mathbb{R}$ zu. Sie wird dann durch ihren **Graphen**

$$\{(x, f(x)) \mid x \in \mathbb{R}\} \subset \mathbb{R} \times \mathbb{R},$$

oder was das selbe ist, durch die Menge der Punkte

$$\{(x, y) \mid y = f(x)\}$$

auf der Ebene $\mathbb{R} \times \mathbb{R}$ aller Punktepaare $\{(x, y) \mid x, y \in \mathbb{R}\} =: \mathbb{R}^2$ veranschaulicht.

§ 1. AXIOME 3

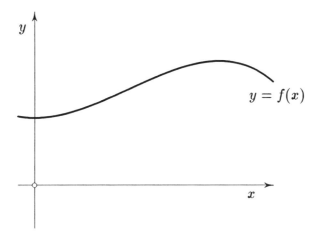

Solche Anschauung ist für das mathematische Denken notwendig als Leitstern für alle Begriffsbildung und Hilfe zum Finden und Verstehen der Sätze und Beweise. Einen formalen stichhaltigen Beweis kann sie jedoch nicht liefern.

Wir werden die reellen Zahlen dadurch beschreiben, daß wir ein Axiomensystem für die Menge $\mathbb{R}$ mit den Operationen $+$ und $\cdot$ sowie für die Anordnung $<$ angeben, also ein System von Sätzen, die immer vorausgesetzt werden und aus denen alles weitere folgt. Es bleibt dann freilich die Frage, ob es irgendwo in der Welt oder außerhalb derselben etwas gibt oder ob etwas ausdenkbar ist, das alle diese vorausgesetzten Axiome erfüllt. Diese Frage ist jedenfalls nicht Gegenstand dieser Vorlesung, die vielmehr darauf ausgeht, den Kalkül der Differential- und Integralrechnung zu erklären. Hierfür ist ein bereitwilliges Vertrauen in die Anfangsgründe eher hilfreich. Hat man erst einmal eine gewisse Übung im Umgang mit dem Begriff der Konvergenz, so ergibt sich ein Teil der Antwort auf die Frage, wie die reellen Zahlen zu konstruieren und die Axiome zu rechtfertigen seien, beinahe von selbst; und danach ist der Weg hinab in die Verästelungen möglichen Zweifels ebenso unendlich, wie der Weg hinauf, den wir beschreiten wollen.

Wen es aber sogleich hinabzieht, dem sei als Wegweiser ein vielbekanntes, sehr elementares Buch empfohlen:

E. Landau: Grundlagen der Analysis. Nachdruck Chelsea 1965.

*

Axiomensystem für die reellen Zahlen

Die reellen Zahlen bilden eine Menge $\mathbb{R}$, mit den **Verknüpfungen**:

Addition: $\qquad \mathbb{R} \times \mathbb{R} \to \mathbb{R}, \quad (x, y) \mapsto x + y;$

Multiplikation: $\quad \mathbb{R} \times \mathbb{R} \to \mathbb{R}, \quad (x, y) \mapsto x \cdot y;$

sowie einer **Anordnung**, gegeben durch eine Teilmenge, den **Positivitätsbereich** $\mathbb{R}_+ \subset \mathbb{R}$.

Für diese Daten gilt:

(K) **Körperaxiome:**

Die Menge $\mathbb{R}$ mit Addition und Multiplikation bildet einen **Körper**.

(A) **Axiome der Anordnung:**

(A.1) Es gilt genau eine der Aussagen:
$$x \in \mathbb{R}_+, \quad -x \in \mathbb{R}_+, \quad x = 0.$$

(A.2) $x, y \in \mathbb{R}_+ \quad \Rightarrow \quad x + y \in \mathbb{R}_+.$

(A.3) $x, y \in \mathbb{R}_+ \quad \Rightarrow \quad x \cdot y \in \mathbb{R}_+.$

(V) **Vollständigkeitsaxiom:**

Jede nicht leere nach oben beschränkte Menge reeller Zahlen besitzt eine kleinste obere Schranke.

*

Was das Axiomensystem (A) mit Anordnung zu tun hat, werden wir im nächsten Paragraphen erfahren. Das Vollständigkeitsaxiom wird in § 4 erklärt. Die Körperaxiome aber lauten wie folgt:

Körperaxiome

Für die Addition und Multiplikation aller $x, y, z \in \mathbb{R}$ gilt:

Addition   **Multiplikation**

Assoziativgesetz

$$(x + y) + z = x + (y + z). \qquad x \cdot (y \cdot z) = (x \cdot y) \cdot z.$$

Kommutativgesetz

$$x + y = y + x. \qquad x \cdot y = y \cdot x.$$

Einheit und Inverses

Es gibt ein Element $0 \in \mathbb{R}$, sodaß $x + 0 = x$, und sodaß für jedes $x \in \mathbb{R}$ ein "negatives" $(-x) \in \mathbb{R}$ existiert, mit der Eigenschaft
$$x + (-x) = 0.$$

Es gibt ein Element $1 \neq 0$ in $\mathbb{R}$ mit $1 \cdot x = x$, und sodaß für jedes $x \neq 0$ in $\mathbb{R}$ ein "inverses" $x^{-1} \in \mathbb{R}$ existiert, mit der Eigenschaft
$$x \cdot x^{-1} = 1.$$

Distributivgesetz

$$x \cdot (y + z) = (x \cdot y) + (x \cdot z).$$

Die Körperaxiome werden in der Linearen Algebra ausgiebig besprochen. Wir fassen das Ergebnis dahingehend zusammen, daß man unbekümmert mit der Addition und Multiplikation verfahren darf, wie man es gewohnt ist. Insbesondere schreiben wir $x-y$ für $x+(-y)$ und $x : y$ oder $\frac{x}{y}$ für $x \cdot y^{-1}$. Auch lassen wir den Malpunkt häufig weg und sparen viele Klammern durch die Regel: Punktrechnung vor Strichrechnung. Wohlgemerkt, diese Regel spricht keine Erkenntnis aus, sondern nur eine Konvention, eine Vereinbarung, um die Notation einfach zu halten.

Für Summen oder Produkte mit vielen Gliedern benutzen wir die Bezeichnung:

$$x_1 + x_2 + \cdots + x_n =: \sum_{\nu=1}^{n} x_\nu =: \sum_{\nu \in \{1,\ldots,n\}} x_\nu;$$

$$x_1 \cdot x_2 \cdot \ldots \cdot x_n =: \prod_{\nu=1}^{n} x_\nu =: \prod_{\nu \in \{1,\ldots,n\}} x_\nu.$$

$x^n := x \cdot \ldots \cdot x$, n gleiche Faktoren x.

Ein Gleichheitszeichen mit Doppelpunkt $=:$ bedeutet, daß der Term auf Seiten des Doppelpunkts durch den andern definiert wird. Ähnlich ist das Zeichen $\Longleftrightarrow:$ zu lesen als logische Äquivalenz nach Definition dessen, was auf Seiten des Doppelpunktes steht.

§ 2. Anordnung

Durch die Körperaxiome allein sind die reellen Zahlen nicht definiert, ja es ist dadurch nicht einmal ausgeschlossen, daß

$$1 + 1 = 0$$

ist. Dieses vertrüge sich jedoch nicht mit den Anordnungs-Axiomen, wie wir gleich sehen werden.

Die Elemente von $\mathbb{R}_+$ heißen **positiv**. Durch Auszeichnung der positiven Zahlen wird eine Reihenfolge aller Zahlen, eine Anordnung von $\mathbb{R}$ festgelegt. Nach Definition gilt:

$$x < y \quad :\Longleftrightarrow \quad y > x \quad :\Longleftrightarrow \quad y - x \in \mathbb{R}_+.$$
$$x \leq y \quad :\Longleftrightarrow \quad y \geq x \quad :\Longleftrightarrow \quad x < y \quad \text{oder} \quad x = y.$$

Sprich: x **kleiner** y, und y **größer** x,
bzw.: x **kleinergleich** y, und y **größergleich** x.

Die Axiome der Anordnung sind dann durch die folgenden Regeln zu übersetzen, mit denen wir fortan immer rechnen und abschätzen werden:

§ 2. Anordnung

(2.1) Anordnungseigenschaften.
(Ver)   *Vergleichbarkeit, es gilt genau eine der Aussagen:*
$$x < y \quad \text{oder} \quad x = y \quad \text{oder} \quad x > y.$$
(Tr)   *Transitivität:* $x < y$ und $y < z \;\Rightarrow\; x < z$.
(Ad)   *Verträglichkeit mit der Addition:*
$$x < y \quad \text{und} \quad z \leq w \;\Rightarrow\; x + z < y + w.$$
(Mul)$_+$ *Verträglichkeit mit der Multiplikation:*
$$x < y \quad \text{und} \quad z > 0 \;\Rightarrow\; xz < yz.$$
(Neg) $x < y \;\Rightarrow\; -x > -y$.

Dieselben Regeln gelten, wenn man $<, >$ *durch* $\leq, \geq$ *ersetzt, bis auf die erste, welche dann lautet:*
(Verg) $x \leq y \quad \text{oder} \quad y \geq x$.
$$x \leq y \quad \text{und} \quad y \leq x \;\Rightarrow\; x = y.$$

Beweis: Man muß nur die obige Definition einsetzen.
(Ver)   heißt: $y - x \in \mathbb{R}_+$ oder $y - x = 0$ oder $x - y = -(y - x) \in \mathbb{R}_+$, siehe (A1).
(Tr)   Aus $y - x \in \mathbb{R}_+$ und $z - y \in \mathbb{R}_+$ folgt nach (A2) $z - x \in \mathbb{R}_+$, also $x < z$.
(Ad)   Für $z < w$ bedeutet diese Regel:
$$y - x \in \mathbb{R}_+ \quad \text{und} \quad w - z \in \mathbb{R}_+ \;\Rightarrow\; y + w - (x + z) \in \mathbb{R}_+.$$
Für $z = w$ ist die Regel ebenso offenbar.
(Mul)$_+$ $y - x \in \mathbb{R}_+$ und $z > 0 \Rightarrow yz - xz \in \mathbb{R}_+$, also $xz < yz$.
(Neg)   folgt aus (Ad), man addiere beidseits $(-y - x)$ und erhält:
$$x < y \iff -y - x + x < -y - x + y, \text{ also } -y < -x.$$
Die Regel hat wie alle eine unmittelbar anschauliche Bedeutung:

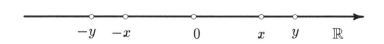

□

Wir können noch folgende Rechenregel anfügen:

(Mul)$_-$: $x < y$ und $z < 0$ $\Rightarrow$ $xz > yz$.

Beweis: Es folgt ja $-z > 0$, also $-zx < -zy$ und nach (Neg), indem man $(-zx)$ für x einsetzt und $(-zy)$ für y, folgt dann $zx > zy$. $\qquad\square$

Nicht jeder Körper läßt sich anordnen, sodaß die Axiome der Anordnung erfüllt sind, denn die Anordnung hat auch Konsequenzen für das, was sich beim Addieren und Multiplizieren ergeben kann, zum Beispiel:

(2.2) Bemerkung. *Ist $x \neq 0$, so ist $x^2 > 0$. Insbesondere ist also $1 = 1^2 > 0$, und daher $-1 < 0$, also $-1 \neq x^2$ für alle $x \in \mathbb{R}$.*

Beweis: Ist $x > 0$, so ist $x^2 > 0$ nach (Mul). Ist $x < 0$, so $(-x) > 0$, also $(-x)^2 = x^2 > 0$. $\qquad\square$

Im Körper der komplexen Zahlen (Kap IV, §5) gibt es eine Zahl i, sodaß $i^2 = -1$, und daher läßt sich dieser Körper nicht so anordnen, daß die Axiome der Anordnung erfüllt sind.

Den additiven Regeln entsprechen für positive Zahlen wegen der Analogie der Axiome ähnliche multiplikative Regeln:

(Inv. 1) $\qquad\qquad\qquad x > 0 \Longleftrightarrow x^{-1} > 0$.

Beweis: Multiplikation mit den positiven Zahlen $(x^{-1})^2$ bzw. x^2. $\qquad\square$

(Inv. 2) Sei $xy > 0$, dann gilt:

$$x < y \Longleftrightarrow \frac{1}{x} > \frac{1}{y}.$$

§ 2. ANORDNUNG

Beweis: Multiplikation mit $(xy)^{-1}$ bzw. xy. □

Die Aussage bedeutet, daß die Funktion $x \mapsto \frac{1}{x}$ monoton fällt, wenn man nicht über $x = 0$ hinweggeht.

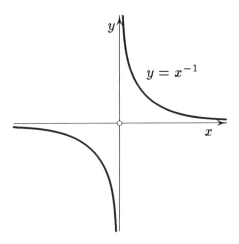

Alle diese Rechnungen liefern nichts, was man nicht auch unmittelbar sieht, und man wird sich die abgeleiteten Regeln darum auch nicht merken sondern sich in jedem Fall unmittelbar klar machen. Der Witz der Beweise liegt nur darin, daß die Rechenregeln aus den Axiomen folgen.

Die Operationen $+, -, \cdot, :$ und in gewissem Maße auch die Anordnung induzieren ähnliche Operationen für Teilmengen M, N von $\mathbb{R}$, nämlich:

$$M + N := \{x + y \mid x \in M, y \in N\};$$
$$M \cdot N := \{x \cdot y \mid x \in M, y \in N\};$$
$$x \leq M :\Longleftrightarrow x \leq y \quad \text{für alle } y \in M,$$

und entsprechend $x \geq M$, $M \leq x$, $>, <$.

Viele Eigenschaften vererben sich auf Teilmengen, aber nicht alle, zum Beispiel gibt es zu einer Menge M im allgemeinen keine negative N, sodaß $M + N$ in irgend einem Sinne Null wäre. Manche Teilmengen besitzen ein größtes Element, aber nicht alle, die Menge

$$M := \{x \mid x < 0\}$$

zum Beispiel nicht; ist nämlich $x \in M$, so auch $\tfrac{1}{2}x$, und $\tfrac{1}{2}x > x$.

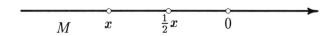

Immerhin können wir erklären, was das größte Element einer Menge $M \subset \mathbb{R}$ sein soll, das **Maximum** von M, ohne die Existenz zu behaupten:

$$x = \max(M) :\Longleftrightarrow x \in M \text{ und } M \leq x.$$
$$x = \min(M) :\Longleftrightarrow x \in M \text{ und } x \leq M.$$

Wenn das Maximum existiert, ist es eindeutig bestimmt, denn wenn x, y die Definition erfüllen, so folgt $x, y \in M$, $y \leq x$ und $x \leq y$, also $x = y$. Ähnlich fürs Minimum.

(2.3) Rechenregeln fürs Maximum und Minimum.
  (i) $M \subset N \implies \max(M) \leq \max(N)$.
  (ii) $\max(M + N) = \max(M) + \max(N)$.
  (iii) *Sind $M, N \geq 0$, so gilt:* $\max(M \cdot N) = \max(M) \cdot \max(N)$.
  (iv) $\min(M) = -\max(-M)$.
  (v) $\max(M \cup N) = \max\{\max M, \max N\}$.
    $\min(M \cup N) = \min\{\min M, \min N\}$.

§ 2. ANORDNUNG   11

Diese Regeln bedeuten: Falls die rechte Seite existiert, existiert die linke Seite, und die Gleichung gilt.

Beweis:

(i) Natürlich, es werden mehr Elemente zur Konkurrenz zugelassen, genauer: $\max(M) = x \in M \Rightarrow x \in N \Rightarrow x \leq \max(N)$.

(ii) Sind $x \in M$, $y \in N$, so ist $x \leq \max(M)$, $y \leq \max(N)$, also $x + y \leq \max(M) + \max(N)$, also gilt

$$M + N \leq \max(M) + \max(N),$$

damit, weil $\max(M) \in M$, $\max(N) \in N$, nach Definition des Maximums

$$\max(M + N) = \max(M) + \max(N).$$

(iii) folgt genau analog.

(iv) Offenbar $-\max(-M) \in M$. Zu zeigen $-\max(-M) \leq M$. Sei also $y \in M$, $\Rightarrow -y \in -M \Rightarrow \max(-M) \geq -y \Rightarrow -\max(-M) \leq y$.

(v) ist auch leicht.   □

Jetzt kommen wir zu der Definition, auf der alle Analysis, nämlich der Begriff der Konvergenz beruht, und auch zu den ersten Regeln, die man sich merken muß:

Definition *(Betrag)*:

Betrag von $x := x$ **absolut** $:= |x| := \max\{x, -x\}$.

Dieses Maximum existiert natürlich, wie überhaupt das Maximum einer endlichen Menge.

(2.4) Rechenregeln für den Betrag.
(i) $|x| \geq 0$; $|x| = 0 \iff x = 0$.

(ii) $|x \cdot y| = |x| \cdot |y|$; insbesondere $|-x| = |x|$, $|x/y| = |x|/|y|$.

(iii) **Dreiecksungleichung:** $|x+y| \leq |x| + |y|$,

also $|x - y| \geq ||x| - |y||$, und $|x + y| \geq ||x| - |y||$.

Beweis:
(i) $x \geq 0$ oder $-x \geq 0$, und weil $-x = 0 \iff x = 0$, folgt aus $x = 0$ jedenfalls $|x| = 0$, und ebenso folgt daraus $x = 0$.

(ii) $|x| \cdot |y| = xy$ oder $-xy$, und es ist größergleich 0, also gleich $\max\{xy, -xy\} = |xy|$. Setzt man $y = -1$, also $|y| = 1$, so folgt $|-x| = |x|$. Auch folgt $|x/y| \cdot |y| = |x|$, also (ii).

(iii) $|x| + |y| = \max(\{x, -x\} + \{y, -y\})$
$= \max\{x+y, -(x+y), x-y, y-x\}$
$\geq \max\{x+y, -(x+y)\} = |x+y|$.

Das ist die erste Ungleichung. Aus ihr folgt $|x-y| + |y| \geq |x-y+y| = |x|$, und wenn man beidseits $|y|$ subtrahiert: $|x-y| \geq |x| - |y|$. Vertauscht man hier x und y, so bleibt die linke Seite unverändert, also $|x-y| \geq |y| - |x| = -(|x| - |y|)$. Zusammen folgt $|x-y| \geq ||x| - |y||$, und ersetzt man hier y durch $-y$, so folgt die letzte Ungleichung. □

In höherer Dimension besagt die Dreiecksungleichung, daß zwei Seiten eines Dreiecks zusammen immer mindestens so lang wie die dritte sind.

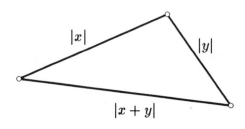

§ 3. Natürliche Zahlen   13

In der Dimension eins degeneriert das Dreieck zu drei Punkten auf der Geraden, aber die Aussage bleibt richtig und wichtig.

Wir bemerken noch: $x > 1 \iff x = 1 + \delta$ mit $\delta > 0$, und $0 < x < 1 \iff x = \frac{1}{1+\delta}$, mit $\delta > 0$. Diese triviale Umformung hilft oft.

§ 3. Natürliche Zahlen

Eigentlich beginnt wohl das mathematische Denken damit, daß der Geist den allgemeinen Begriff einer Vielheit als natürliche Zahl faßt, und dieser erste Traum der Mathematiker bleibt auch ihr schönster. Wenn wir hier nun die natürlichen Zahlen aus den reellen herausholen, so wollen wir damit nur darauf hinweisen, daß auch sie in den Axiomen mit gefordert sind, und nicht noch zusätzlich hervorgezaubert werden müssen. Die Menge $\mathbb{N} \subset \mathbb{R}$ der natürlichen Zahlen besteht aus den Zahlen $1, 2, 3, \ldots$. Fügt man 0 hinzu, so hat man $\mathbb{N}_0 = \mathbb{N} \cup \{0\}$. Aber hier sind sich die Mathematiker nicht einig, manche halten auch 0 für natürlich. Wenn nun jemand vorgibt, er wisse nicht, wie es bei den drei Punkten weitergeht, so bediene er sich der folgenden

Definition der natürlichen Zahlen. *Die Menge $\mathbb{N}$ der natürlichen Zahlen ist die kleinste Teilmenge von $\mathbb{R}$, für welche gilt:*
(A) $1 \in \mathbb{N}$;
(S) *Ist $x \in \mathbb{N}$, so auch $x + 1 \in \mathbb{N}$.*

Daß es Teilmengen von $\mathbb{R}$ gibt, die (A) und (S) erfüllen, ist offenbar, zum Beispiel $\mathbb{R}$ selbst, oder auch $\mathbb{R}_+$. Daß unter diesen Teilmengen $\mathbb{N}$ die kleinste ist, bedeutet:

Induktionsprinzip. *Angenommen, für eine Teilmenge $M \subset \mathbb{R}$ gilt:*

(A) $1 \in M$.

(S) *Ist $x \in M$ für ein x, so auch $x + 1 \in M$.*

Dann gilt: $\mathbb{N} \subset M$.

Um sich als Logiker davon zu überzeugen, daß es eine solche kleinste Teilmenge von $\mathbb{R}$ gibt, die (A) und (S) erfüllt, betrachtet man alle solchen Teilmengen von $\mathbb{R}$ und erklärt $\mathbb{N}$ als ihren Durchschnitt. Das mag Ihnen etwas unfair vorkommen, daß man sich auf alle Teilmengen von $\mathbb{R}$ beruft, um damit eine bestimmte erst zu definieren; aber so halten es die Mathematiker.

Eine Teilmenge $M \subset \mathbb{R}$ beschreiben wir durch eine ihren Elementen gemeinsame Eigenschaft; wenn uns nichts besseres einfällt, die Eigenschaft, Element von M zu sein. Umgekehrt gehört zu einer wohlerklärten Eigenschaft von Zahlen die Teilmenge der Elemente, die diese Eigenschaft haben. Formulieren wir das Induktionsprinzip für Eigenschaften (Behauptungen über Zahlen) statt Teilmengen, so erhalten wir:

Prinzip der vollständigen Induktion. *Angenommen, von der Behauptung $B(n)$ über beliebige natürliche Zahlen n ist folgendes bekannt:*

(A) $B(1)$, *d.h. die Behauptung gilt für die Zahl 1.*

(S) $B(n) \Rightarrow B(n + 1)$, *d.h. wenn die Behauptung für eine Zahl n gültig ist (Induktionsannahme), dann gilt sie auch für die folgende Zahl $n + 1$ (Induktionsschritt).*

Dann folgt, daß die Behauptung für alle natürlichen Zahlen gilt.

Die Teilmenge $\{x \mid B(x)\}$ aller Zahlen mit der Eigenschaft B erfüllt nämlich (A) und (S), umfaßt also $\mathbb{N}$.

§ 3. NATÜRLICHE ZAHLEN   15

Es ist klar, was das Prinzip eigentlich bedeutet, man lasse nur den
"Induktionsschluß" (S) immer laufen:

$$
\begin{array}{llll}
B(1) & \text{wegen} & (A) & \\
B(2) & \text{wegen} & (S) & \text{mit} \quad n = 1 \\
B(3) & \text{wegen} & (S) & \text{mit} \quad n = 2 \\
B(4) & \text{wegen} & (S) & \text{mit} \quad n = 3 \\
\vdots & & \vdots &
\end{array}
$$

Das Induktionsprinzip dient ebenso auch, um Definitionen für natürliche Zahlen zu erklären: Man definiert zunächst $B(1)$, und dann
$B(n+1)$ unter Zuhilfenahme der Aussage $B(n)$. Zum Beispiel wäre
eine formale Definition von endlichen Summen und Produkten so zu
fassen: Zu definieren:

$$
\sum_{k=1}^{n} a_k . \qquad\qquad \prod_{k=1}^{n} a_k .
$$

$$
(A) \quad \sum_{k=1}^{1} a_k := a_1 , \qquad\qquad \prod_{k=1}^{1} a_k := a_1 ,
$$

$$
(S) \quad \sum_{k=1}^{n+1} a_k := \left(\sum_{k=1}^{n} a_k \right) + a_{n+1} . \qquad \prod_{k=1}^{n+1} a_k := \left(\prod_{k=1}^{n} a_k \right) \cdot a_{n+1} .
$$

Wenn man statt $B(1)$ im Induktionsprinzip $B(k)$ für eine gewisse
Zahl k beweist (oder definiert), so ist nachher auch nur $B(n)$ für
$n \geq k$ bewiesen (bzw. definiert). Das führt man leicht auf das obige
Induktionsprinzip zurück, denn die Aussage "$B(n)$ für $n \geq k$" folgt
danach leicht. Wir üben den Gebrauch des Prinzips an Beispielen:

(3.1) **Bemerkung.** *Jede endliche Menge reeller Zahlen enthält ein
Maximum.*

Beweis: Wir fassen die Behauptung so:
Ist $M \subset \mathbb{R}$ eine Menge von n Elementen, so existiert $\max(M)$.

(A) $n = 1$, also $M = \{x\}$ für ein $x \in \mathbb{R}$ $\Rightarrow$ $\max(M) = x$.

(S) Sei $M = \{x_1, \ldots, x_n, x_{n+1}\}$, und die Behauptung sei für Mengen mit n Elementen vorausgesetzt. Dann existiert also die Zahl $\max\{x_1, \ldots, x_n\}$, und man findet leicht

$$\max\{x_1, \ldots, x_{n+1}\} = \max\{x_{n+1}, \max\{x_1, \ldots, x_n\}\}. \qquad \square$$

(3.2) Satz. *Eine natürliche Zahl ist stets größer als Null.*

Beweis durch Induktion:

(A) $1 > 0$, wie wir schon wissen.

(S) Sei schon $n > 0$, dann folgt $n + 1 > 1 > 0$, also $n + 1 > 0$.

$\square$

Insbesondere ist eine natürliche Zahl nicht Null, und um das zu sehen, braucht man wirklich mehr als nur die Körperaxiome. Auch gilt $n \geq 1$ für alle $n \in \mathbb{N}$, denn $1 \geq 1$, und $n \geq 1 \Rightarrow n + 1 \geq 1 + 1 > 1$.

$$(3.3) \qquad \qquad \sum_{k=1}^{n} k = \frac{n(n+1)}{2}.$$

Beweis:

(A) $1 = \dfrac{1 \cdot 2}{2}$.

(S) $\sum_{k=1}^{n+1} k = \sum_{k=1}^{n} k + n + 1 =$ (Induktionsannahme)

$$\frac{n(n+1)}{2} + n + 1 = (n+1) \cdot \left(\frac{n}{2} + 1\right) = \frac{(n+1)(n+2)}{2}. \qquad \square$$

(3.4) Satz. *Seien M und N Mengen mit n Elementen. Die Anzahl der Bijektionen $M \to N$ ist $n! := \prod_{k=1}^{n} k = 1 \cdot 2 \cdot 3 \cdot \,\cdots\, \cdot n$.* (*sprich: n-**fakultät***).

§ 3. NATÜRLICHE ZAHLEN   17

Eine Abbildung $M \to N$ heißt **bijektiv** (Bijektion), wenn sie **injektiv** ist (verschiedene Elemente von M haben verschiedene Bilder) und **surjektiv** (jedes Element von N ist ein $f(m)$ für ein $m \in M$).

Beweis durch Induktion nach n:
Ist $n = 1$, so gibt es genau $1 = 1!$ Bijektionen $M \to N$.
(S) Sei nun $M = \{x_1, \dots, x_{n+1}\}$, $N = \{y_1, \dots, y_{n+1}\}$, und alle x_k bzw. y_k seien verschieden. Ist $f : M \to N$ eine Bijektion, so ist $f(x_{n+1}) \in N$, und hierfür gibt es $n + 1$ mögliche Wahlen, und bei jeder Wahl von $f(x_{n+1})$ ist $f : M \setminus \{x_{n+1}\} \to N \setminus \{f(x_{n+1})\}$ eine Bijektion, wofür es nach Induktionsvoraussetzung $n!$ mögliche Wahlen gibt. Im ganzen gibt es also $(n+1) \cdot n! = (n+1)!$ Bijektionen. (Für zwei Mengen B, C bezeichnet $B \setminus C$ die Menge der Elemente von B, die nicht in C sind). $\qquad\qquad\qquad\qquad\qquad\quad$ $\square$

Insbesondere gibt es $n!$ Bijektionen $M \to M$, die man auch als **Permutationen** bezeichnet. Der Satz bleibt richtig, wenn wir noch definieren:
$$0! := 1.$$

Übrigens wächst $n!$ sehr schnell, z.B. $13! \approx 6 \cdot 10^9$; um die Anzahl der Permutationen von 13 Elementen zu zählen, müßte man 100 Jahre zählen, wenn man in einer Minute bis 100 zählen könnte.

Nach Leibniz erklären wir die **Binomialkoeffizienten**
$$(k, \ell) := \binom{k + \ell}{\ell} := \frac{(k + \ell)!}{k! \, \ell!} \,.$$

Die Bezeichnung $\binom{n}{\ell}$, $n = k + \ell$, ist weithin üblich, aber die Bezeichnung (k, ℓ) zeigt besser die Symmetrie $(k, \ell) = (\ell, k)$. Die Bedeutung dieser Funktion zeigt folgender

(3.5) Satz. *Eine Menge mit $k + \ell$ Elementen hat (k, ℓ) Teilmengen von k Elementen. Insbesondere ist (k, ℓ) stets ganz.*

Beweis durch Induktion nach $n = k + \ell$:

Ist $n = 0$, so ist $\binom{n}{0} = \frac{0!}{0!} = 1$, und der Satz ist richtig. Sei jetzt M eine Menge von $n+1$ Elementen, ohne Beschränkung der Allgemeinheit (oBdA)

$$M = \{1, \ldots, n+1\}.$$

Eine Teilmenge von k Elementen enthält entweder $n+1$, oder nicht. Im ersten Fall ist sie durch Wahl einer Teilmenge von $k-1$ Elementen in $\{1, \ldots, n\}$ gegeben, wovon es nach Induktionsannahme

$$(k - 1, \ell)$$

gibt, im zweiten Fall ist sie selbst eine Teilmenge von $\{1, \ldots, n\}$, wovon es wiederum nach Induktionsannahme

$$(k, \ell - 1)$$

gibt. Zusammen also gibt es $(k - 1, \ell) + (k, \ell - 1)$ Teilmengen von k Elementen in M, und wir haben zu zeigen

(3.6) $$(k - 1, \ell) + (k, \ell - 1) = (k, \ell),$$

oder in der andern Schreibweise

$$\binom{n-1}{\ell} + \binom{n-1}{\ell - 1} = \binom{n}{\ell}.$$

Die linke Seite von (3.6) ist nach Definition

$$\frac{(k + \ell - 1)!}{(k - 1)!\,\ell!} + \frac{(k + \ell - 1)!}{k!\,(\ell - 1)!} = \frac{(k + \ell - 1)!(k + \ell)}{k!\,\ell!} = (k, \ell),$$

was zu zeigen war. Die Formel gilt auch für $k = 0$. $\qquad\qquad\square$

Der Satz bleibt richtig, wenn man noch definiert:

$$(k, \ell) := 0 \quad \text{falls} \quad k \in -\mathbb{N} \quad \text{oder} \quad \ell \in -\mathbb{N}.$$

Natürlich lehrt ein Induktionsbeweis nur, daß ein Satz gilt, nicht aber, wie man darauf kommt. In diesem Falle könnte man wie folgt argumentieren: Um eine Teilmenge von k Elementen aus $N = \{1, \ldots, n\}$

Analysis I   WS 1995/96

KLAUSURBESCHREIBUNG

Erwartet und geprüft wird: Taylorreihen klassischer Funktionen, Berechnung des Wertes spezieller Reihen, Bestimmung von Grenzwerten nach Taylor und de l'Hospital (Gleichmäßigkeit), Partielle Integration und Summation, Berechnung höherer Ableitungen durch Taylorentwicklung, Rechnen mit formalen Potenzreihen, Approximation (Dirac, ...).

Die Klausuraufgaben halten sich relativ nah an die Hausaufgaben.

Zur Bearbeitung stehen 3 Zeitstunden für 8 Aufgaben zur Verfügung. Es darf nur leeres Papier und Schreibzeug ins Gebäude mitgebracht werden. Insbesondere bitte ich, Rechner nicht mitzubringen. Näheres zum Ablauf am Freitag.

§ 3. Natürliche Zahlen 19

auszuwählen, ordne ich N irgendwie an und nehme dann die ersten k. Zur Anordnung von N gibt es $n!$ Möglichkeiten, aber die $k! \cdot (n - k)!$, die aus einer Anordnung durch Umordnung der ersten k und der letzten $n - k$ Elemente entstehen, liefern dieselbe Teilmenge von k Elementen, sodaß ich bei den $n!$ Anordnungen von N jede Teilmenge von k Elementen $k! \cdot (n - k)!$ mal gezählt habe.

(3.7) Binomischer Lehrsatz. *Seien* $x, y \in \mathbb{R}$ *und* $n \in N_0$. *Es gilt:*

$$(x + y)^n = \sum_{\substack{0 \leq k \leq n \\ k + \ell = n}} (k, \ell)\, x^k y^\ell.$$

Beweis:

(A) $(x + y)^1 = (1, 0)\, x^1 y^0 + (0, 1)\, x^0 y^1$.

(S) $(x + y)^{n+1} = (x + y)^n (x + y) \underset{(A)}{=} \left(\sum_{k+\ell=n} (k, \ell) x^k y^\ell\right)(x + y) =$

$\sum_{k+\ell=n} (k, \ell)\, x^{k+1} y^\ell \quad + \quad \sum_{k+\ell=n} (k, \ell)\, x^k y^{\ell+1}$.

Setze in der linken Summe $k + 1 = p$ und $\ell = q$, und in der rechten Summe $k = p$, $\ell + 1 = q$, dann steht da:

$$\sum_{\substack{p+q=n+1 \\ 1 \leq p \leq n+1}} (p - 1, q)\, x^p y^q + \sum_{\substack{p+q=n+1 \\ 1 \leq q \leq n+1}} (p, q - 1)\, x^p y^q.$$

Hier darf man aber die fehlenden Summanden mit $p = 0$ in der ersten bzw. $q = 0$ in der zweiten Summe hinzufügen, denn

$$(-1, q) = (p, -1) = 0.$$

Man erhält also

$$\sum_{p+q=n+1} \left((p - 1, q) + (p, q - 1)\right) x^p y^q = \sum_{p+q=n+1} (p, q)\, x^p y^q$$

nach Formel (3.6), was zu zeigen war. $\qquad\qquad\square$

Bei diesen Umformungen wird immer der eine oder andere stutzig und fragt: Ja geht denn das, darf man k und ℓ in der einen Summe anders umbenennen als in der anderen? Es geht, es ist ganz in Ordnung, der Summationsindex hat nur die Aufgabe, nacheinander die vorgeschriebenen Zahlen zu durchlaufen. Beide Summen haben sich durch die Umbenennung gar nicht geändert.

Mit der anderen und üblichen Bezeichnung der Binomialkoeffizienten sieht die die Formel so aus:

$$(x + y)^n = \sum_{k=0}^{n} \binom{n}{k} x^k y^{n-k}.$$

Man kann sie wie folgt einsehen: Multipliziert man das Produkt

$$(x + y) \cdot (x + y) \cdot \ldots \cdot (x + y)$$

von n Faktoren $(x + y)$ aus, so muß man auf alle möglichen Weisen in jedem Faktor entweder x oder y wählen, die so Gewählten multiplizieren und alles aufaddieren. Ein Produkt $x^k y^{n-k}$ kommt dabei zustande, wenn man in k der Faktoren $(x+y)$ jeweils das x gewählt hat. Und dafür gibt es nach (3.5) jeweils $(k, l) = \binom{n}{k}$ Möglichkeiten.

Für positive x folgt aus dem Binomischen Lehrsatz sogleich die wichtige

(3.8) Bernoullische Ungleichung. *Sei $x \geq -1$ und $n \in \mathbb{N}$, dann ist*

$$1 + nx \leq (1 + x)^n.$$

Beweis durch Induktion nach n:
(A) $1 + x \leq (1 + x)^1$.
(S) $(1 + x)^{n+1} = (1 + x)^n \cdot (1 + x) \geq (1 + nx) \cdot (1 + x)$
$= 1 + (n + 1)x + nx^2 \geq 1 + (n + 1)x.$ □

(3.9) Wohlordnungsprinzip. *Jede nicht leere Menge natürlicher Zahlen enthält eine kleinste Zahl.*

Beweis: Ist $n \in M \subset \mathbb{N}$, so ist $\min(M) = \min(M \cap \{1, \dots, n\})$, siehe (3.1). $\qquad\square$

Hieraus folgt die etwas stärkere Version des Induktionsprinzips: Bewiesen sei:

$$\text{Gilt } B(k) \text{ für alle } k < n, \text{ so gilt } B(n).$$

Dann folgt: $B(n)$ für alle n.

Beweis: Es gäbe sonst ein kleinstes n, für das $B(n)$ nicht gilt. Aber aus $B(k)$ für $k < n$ folgt $B(n)$. Das wäre ein Widerspruch. $\qquad\square$

Wir werden noch oft Gelegenheit haben, das Prinzip der vollständigen Induktion zu benutzen. Wir beschließen diesen Abschnitt mit einigen Bezeichnungen.

$$
\begin{aligned}
\mathbb{N} &= \text{Menge der natürlichen Zahlen,} \\
\mathbb{N}_0 &= \mathbb{N} \cup \{0\}, \\
\mathbb{Z} &= \mathbb{N}_0 \cup -\mathbb{N}_0 = \text{Ring der ganzen Zahlen,} \\
\mathbb{Q} &= \{\tfrac{n}{m} \mid n \in \mathbb{Z},\ m \in \mathbb{N}\} = \text{Körper der rationalen Zahlen.}
\end{aligned}
$$

§ 4. Das Vollständigkeitsaxiom

Sei $M \subset \mathbb{R}$ eine Teilmenge. Wir nennen eine Zahl $x \in \mathbb{R}$ eine **obere Schranke** von M, falls $M \leq x$, und wir nennen x ist eine **untere Schranke** von M, falls $x \leq M$. Falls M eine obere (untere) Schranke besitzt, heißt M nach oben (unten) **beschränkt**, und falls M beides besitzt, heißt M kurzweg **beschränkt**.

Auch eine beschränkte Menge braucht kein Maximum zu besitzen, z.B. die **Intervalle**

$$[a, b] = \{x \mid a \leq x \leq b\}, \quad \textbf{abgeschlossen,}$$
$$[a, b) = \{x \mid a \leq x < b\}, \quad \textbf{halboffen,}$$
$$(a, b] = \{x \mid a < x \leq b\}, \quad \textbf{halboffen,}$$
$$(a, b) = \{x \mid a < x < b\}, \quad \textbf{offen,}$$

sind alle beschränkt durch a bzw. b, aber das zweite hat kein Maximum, das dritte kein Minimum und das vierte beides nicht. Jedoch besagt das Vollständigkeitsaxiom, daß eine nach oben beschränkte nicht leere Menge eine obere Grenze besitzt, und diese ist so erklärt:

Definition *(Grenze)*: *Das* **Supremum** *(die* **obere Grenze***) einer Menge* M *ist eine kleinste obere Schranke von* M, *bezeichnet durch* $\sup(M)$. *Entsprechend heißt eine größte untere Schranke* $\inf(M)$ = **Infimum** = **untere Grenze** *von* M. *Mit anderen Worten:*

$$\sup(M) = \min\{x \mid M \leq x\}, \quad \inf(M) = \max\{x \mid x \leq M\}.$$

Beides braucht in $\mathbb{R}$ nicht zu existieren; wie fürs Maximum gilt

$$\inf(M) = -\sup(-M),$$

sodaß wir nur das Supremum studieren müssen. Es ist nach Definition durch die Eigenschaften

(4.1)
$$M \leq \sup(M),$$
$$M \leq x \Rightarrow \sup(M) \leq x,$$

beschrieben, und dadurch in der Tat eindeutig bestimmt. Existiert $\max(M)$, so ist natürlich $\max(M) = \sup(M)$, aber das Intervall $M = (a, b)$, $a < b$, hat kein Maximimum, wohl aber das Supremum $\sup(M) = b$.

Ist M nach oben unbeschränkt, so schreibt man $\sup(M) = \infty$, und ist $M = \emptyset$, so schreibt man $\sup(M) = -\infty$, nämlich jedes

§ 4. Das Vollständigkeitsaxiom   23

$x \in \mathbb{R}$ ist eine obere Schranke. Entsprechend sei $\inf(M) = -\infty$ falls M nicht nach unten beschränkt ist, und $\inf(\varnothing) = \infty$. Mit den Zeichen ∞, $-\infty$ rechnet man, wo es einen ersichtlichen Sinn hat, formal herum:

$$\frac{y}{0} := \infty + \infty := \infty \cdot \infty := \infty + x := \infty \cdot y := \infty \quad \text{für } y > 0;$$

$$x - \infty := y \cdot \infty := \frac{y}{0} := -\infty \quad \text{für } y < 0.$$

Aber solche Zeichen wie

$$\frac{0}{0}, \ \frac{\infty}{\infty}, \ \frac{\infty}{0}, \ \infty - \infty \dots$$

sind nicht definiert, und Formeln, in denen sie vorkommen, haben keinen Sinn. Die Menge, die aus $\mathbb{R}$ durch hinzufügen zweier Punkte $\infty, -\infty$ entsteht, heißt auch die

abgeschlossene reelle Gerade $\bar{\mathbb{R}} := \mathbb{R} \cup \{\infty, -\infty\}$.

In $\bar{\mathbb{R}}$ hat dann jede Menge ein Infimum und ein Supremum, und diese sind jeweils eindeutig bestimmt. Aber natürlich ist $\bar{\mathbb{R}}$ kein Körper mehr, und darum muß man doch meist genau hinsehen, ob $\sup(M)$ in $\mathbb{R}$ existiert. Wir ziehen sogleich eine sehr einleuchtende Folgerung aus dem Vollständigkeitsaxiom.

(4.2) Prinzip von Archimedes. *Seien $a, b \in \mathbb{R}$, und $b > 0$, dann gibt es eine natürliche Zahl n, sodaß $n \cdot b > a$.*

Beweis: Andernfalls wäre die Menge

$$M = \{nb \mid n \in \mathbb{N}\} \leq a$$

beschränkt und hätte ein Supremum $s = \sup(M) \in \mathbb{R}$. Nach Definition des Supremums, weil $s - b < s$, gäbe es ein Element $n_0 b > s - b$ in M, also $(n_0 + 1)b > s = \sup(M)$; aber $(n_0 + 1)b \in M$, ein Widerspruch — was wir hinfort durch ✶ anzeigen. □

Folgerung. *Jedes echte Intervall enthält eine rationale Zahl.*

Beweis: Sei also $a < b$, und sei zunächst $a > 0$ angenommen. Wir suchen natürliche Zahlen m, n mit $a < m/n < b$, das heißt $na < m < nb$. Nun, wählen wir n so groß, daß $n(b-a) > 1$, und dann $m - 1$ als die größte ganze Zahl, die noch nicht größer als na ist, so ist $na < m \leq na + 1 < nb$, was wir wollten.

Ist $a < 0$, so wähle ein $\ell \in \mathbb{N}$, sodaß $\ell > -a$ und nach dem vorigen eine rationale Zahl r, sodaß $a + \ell < r < b + \ell$, dann folgt $a < r - \ell < b$. $\qquad\square$

Man könnte nun glauben, daß es viel mehr rationale als irrationale Zahlen gebe: Zwischen zwei irrationalen liegt immer eine rationale Zahl. Aber auch zwischen zwei rationalen liegt immer eine irrationale Zahl, das sieht man ganz ähnlich, wenn man erst einmal überhaupt irrationale Zahlen kennt. Tatsächlich gibt es in gewissem Sinne viel mehr irrationale als rationale Zahlen, wie wir später (Kap. VI, §3) genauer ausführen werden.

Daß es überhaupt irrationale Zahlen gibt, war schon lange vor Euklid bekannt:

Bemerkung. *Es gibt keine rationale Zahl $x = \frac{m}{n}$, $m, n \in \mathbb{Z}$, sodaß*
$$x^2 = 2.$$

Beweis: Kürze, sodaß m und n nicht beide gerade sind, dann wäre
$$\frac{m^2}{n^2} = 2, \quad \text{also} \quad m^2 = 2n^2,$$
also m gerade (sonst wäre m^2 ungerade), also m^2 durch 4 teilbar, also n gerade. ✠ $\qquad\square$

Daß tatsächlich jede positive reelle Zahl eine n-te Wurzel hat, werden wir bald sehen, vorläufig sei es stets vorausgesetzt.

Kapitel II
Konvergenz und Stetigkeit

*Tout va par degrés dans la nature
et rien par saut, et cette règle à
l'égard des changements est une
partie de ma loi de la continuité.*

Leibniz

Wir erklären den Begriff der Konvergenz und des Grenzwertes von Folgen, Reihen und Funktionen und den Begriff der Stetigkeit von Funktionen. Der Begriff der Konvergenz ist der eigentliche Grundbegriff der Analysis.

§ 1. Folgen und Reihen reeller Zahlen

Definition. *Eine* **Folge** *reeller Zahlen ist eine Abbildung* $\mathbb{N} \to \mathbb{R}$, $n \mapsto a_n$. *Wir bezeichnen sie durch* $(a_n \mid n \in \mathbb{N})$ *oder* $(a_n)_{n \in \mathbb{N}}$ *oder kurz* (a_n) *und oft auch durch*

$$a_1, a_2, a_3, \ldots .$$

Auch Abbildungen $\{n \in \mathbb{Z} \mid n \geq k\} \to \mathbb{R}$ *bezeichnen wir als Folgen*

$$a_k, a_{k+1}, \ldots .$$

(1.1) Beispiele

(i) $\left(\frac{1}{n}\right) = 1, \frac{1}{2}, \frac{1}{3}, \frac{1}{4}, \ldots$

(ii) $\left(\frac{n}{n+1}\right) = \frac{1}{2}, \frac{2}{3}, \frac{3}{4}, \frac{4}{5}, \ldots$

(iii) $(x^n) = x, x^2, x^3, \ldots$.

Dies ist für jedes $x \in \mathbb{R}$ eine reelle Folge.

(iv) $\left(\dfrac{n}{2^n}\right) = \frac{1}{2}, \frac{2}{4}, \frac{3}{8}, \ldots$

(v) Man kann auch Folgen rekursiv definieren, z.B. **die Fibonacci-Folge**, definiert durch $a_0 = 0$, $a_1 = 1$, $a_n = a_{n-1} + a_{n-2}$, also

$$(a_n) = 0, 1, 1, 2, 3, 5, 8, 13, 21, \ldots .$$

Der entscheidende Begriff der Analysis, mit dessen Entwicklung auch eigentlich die Mathematik der Neuzeit beginnt, ist der der Konvergenz und des Grenzwerts.

Definition. *Eine Folge (a_n) heißt* **konvergent** *gegen $a \in \mathbb{R}$, und a ist* **Grenzwert (Limes)** *von (a_n), geschrieben*

$$lim_{n \to \infty}(a_n) = a, \quad oder \quad (a_n) \to a,$$

falls folgendes gilt:

Zu jeder reellen Zahl $\varepsilon > 0$ existiert eine Zahl $N \in \mathbb{N}$, sodaß

$$|a_n - a| < \varepsilon$$

für alle $n > N$ aus $\mathbb{N}$.

Weil man schließlich auf eine Ungleichung $|a_n - a| < \varepsilon$ hinauswill, kommt es ersichtlich nur darauf an, beliebig kleine $\varepsilon > 0$ zu betrachten: Für jedes auch noch so kleine $\varepsilon > 0$ existiert $N \in \mathbb{N}$, sodaß $|a_n - a| < \varepsilon$, falls $n > N$.

Bezeichnen wir das Intervall

$$(a - \varepsilon, a + \varepsilon) =: U_\varepsilon(a)$$

als ε-**Umgebung** von a, so sagt die Bedingung der Konvergenz: $a_n \in U_\varepsilon(a)$ für alle n bis auf endlich viele, nämlich bis auf allenfalls $n \in \{1, 2, \ldots, N\}$. Man sagt dafür auch

$$a_n \in U_\varepsilon(a) \quad \text{für } \textbf{fast alle } n,$$

§ 1. FOLGEN UND REIHEN REELLER ZAHLEN

oder für **genügend große** n oder **schließlich**, und benutzt die Sprechweise:"fast alle" heißt "alle bis auf endlich viele". Unsere Definition lautet dann: $(a_n) \to a$, falls gilt:

Ist $\varepsilon > 0$, so ist $a_n \in U_\varepsilon(a)$ für fast alle $n \in \mathbb{N}$.

Oder: Ist $\varepsilon > 0$, so gilt schließlich $a_n \in U_\varepsilon(a)$.

Eine nicht konvergente Folge heißt **divergent**. Die Bedingung der Divergenz lautet also: Zu jedem $a \in \mathbb{R}$ gibt es ein $\varepsilon > 0$, sodaß zu jedem N ein $n > N$ existiert, mit $|a_n - a| \geq \varepsilon$. Oder anders ausgedrückt: Jedes $a \in \mathbb{R}$ besitzt eine ε-Umgebung $U_\varepsilon(a)$, außerhalb von welcher unendlich viele Folgenglieder liegen. (a_n) konvergiert nicht gegen a, falls a eine ε-Umgebung U besitzt, außerhalb der unendlich viele Folgenglieder liegen. Merke also: Die Negation von "fast alle" ist: Für unendlich viele nicht.

Prüfen wir zur Einübung des Begriffs sogleich die Beispiele (1.1):

(i) $(1/n) \to 0$.

Beweis: Sei $\varepsilon > 0$ gegeben. Nach Archimedes gibt es eine Zahl N, sodaß $N > \frac{1}{\varepsilon}$, und ist $n > N$, so ist erst recht $n > N > \frac{1}{\varepsilon}$. Also wenn $n > N$ ist, gilt nach unserer Kenntnis über die Anordnung:

$$0 < \tfrac{1}{n} < \varepsilon, \quad \text{das heißt} \quad |\tfrac{1}{n} - 0| < \varepsilon. \qquad \square$$

(ii) $\left(\frac{n}{n+1}\right) \to 1$.

Beweis: $|1 - \frac{n}{n+1}| = \frac{1}{n+1}$, und ist $\varepsilon > 0$ gegeben, so haben wir eben schon gesehen, daß $0 < \frac{1}{n+1} < \varepsilon$ für fast alle n. $\qquad \square$

(iii) Bei der Folge (x^n) hängt das Verhalten von x ab.

Fall 1. $x = 1$, also $x^n = 1$, die Folge $1, 1, 1, \ldots$ konvergiert offenbar gegen 1.

Fall 2. $x = -1$; wir erhalten die Folge $-1, 1, -1, 1, \ldots$, die offenbar divergiert. Eine ganzzahlige Folge konvergiert überhaupt nur, wenn sie schließlich konstant ist. Wäre nämlich a der Grenzwert, so wäre schließlich $|a_n - a| < \frac{1}{2}$ und $|a - a_{n+1}| < \frac{1}{2}$, also nach der Dreiecksungleichung $|a_n - a_{n+1}| < 1$, also $a_n = a_{n+1}$, wenn beide ganz sind. □

Hier ist ein kleiner Schluß verborgen: Gilt für fast alle n die Aussage $A(n)$ und auch für fast alle n die Aussage $B(n)$, so gilt für fast alle n alles beides: $A(n)$ und $B(n)$, denn gilt etwa $A(n)$ für $n > N_1$, $B(n)$ für $n > N_2$, so $A(n)$ und $B(n)$ für $n > \max\{N_1, N_2\}$.

Fall 3. $|x| > 1$. Sei $a = |x|$, dann ist $a = 1 + \delta$ für ein $\delta > 0$, also nach Bernoulli

$$a^n = (1 + \delta)^n \geq 1 + n\delta \geq n\delta,$$

und nach Archimedes gilt: Ist $R \in \mathbb{R}$ beliebig vorgegeben, so ist für fast alle n

$$a^n \geq n\delta > R.$$

Also ist (x^n) divergent, denn aus $(x^n) \to g$ würde folgen $|x^n - g| < 1$ für fast alle n, also $a^n = |x^n| < |g| + 1$. In der Tat wird x^n für $x > 1$ schließlich beliebig groß:

Definition. *Wir sagen:* $(a_n) \to \infty$ *oder* $\lim_{n \to \infty} a_n = \infty$, *falls gilt: Für jedes* $R > 0$ *ist* $a_n > R$ *für fast alle* $n \in \mathbb{N}$. *Entsprechend* $(a_n) \to -\infty$, *falls* $(-a_n) \to \infty$. *Die Folge* (a_n) *heißt in diesen Fällen* **bestimmt divergent**.

Als nächstes haben wir die Folge (x^n) für $|x| < 1$ zu betrachten. Ist wieder $a = |x|$, so ist $0 \leq a < 1$. Für $a = 0$ ist die Folge konstant 0 und konvergiert gegen 0. Für $0 < a < 1$ wissen wir $1/a > 1$, also wenn $\varepsilon > 0$ gegeben ist, so ist für fast alle n, wie eben gesehen,

$$(1/a)^n > 1/\varepsilon, \quad \text{also} \quad a^n < \varepsilon,$$

und das heißt $|x^n - 0| < \varepsilon$ für fast alle n, die Folge konvergiert also gegen 0. □

§ 1. FOLGEN UND REIHEN REELLER ZAHLEN 29

(iv) Die Folge $(\frac{n}{2^n})$ konvergiert gegen 0. Es ist nämlich nach dem binomischen Lehrsatz für $n \geq 2$:

$$2^n = (1+1)^n = 1 + n + \frac{n(n-1)}{2} + \cdots \geq \frac{n(n+1)}{2} \geq \frac{n^2}{2},$$

also $n/2^n \leq \frac{2}{n}$, und $|\frac{2}{n}| < \varepsilon$ für fast alle n. □

(v) Die Fibonacci-Folge ist bestimmt divergent, denn:

$$\text{für } n \geq 5 \text{ ist } a_n \geq n.$$

Man prüft diese Behauptung für $n = 5$ und 6. Beim Induktionsschritt setzt man die Behauptung für $n+1$ und n voraus und erhält:

$$a_{n+2} = a_{n+1} + a_n \geq n + 1 + n > n + 2. \qquad □$$

Hier haben wir ein Beispiel, wo die Induktion nicht bei 1 beginnt und wo man beim Induktionsschritt die Behauptung über zwei vorhergehende Zahlen braucht. Will man das Induktionsschema formal anwenden, so muß man die Behauptung zugleich für n und $n+1$ aufstellen. Dies ist dann induktiv gezeigt.

Mit der Schreibweise $\lim(a_n) = a$ ist schon unterstellt, daß eine Folge, wenn überhaupt, nur *einen* Grenzwert haben kann. Das zeigen wir jetzt.

(1.2) Satz *(Eindeutigkeit des Grenzwertes). Konvergiert die Folge (a_n) gegen a und gegen b, so ist $a = b$.*

Beweis: Angenommen etwa $a < b$, so wähle $\varepsilon = \frac{b-a}{2}$, dann ist für fast alle $n \in \mathbb{N}$ erfüllt:

$$|a_n - a| < \frac{b-a}{2}, \quad |b - a_n| < \frac{b-a}{2},$$

also

$$b - a = |b - a| \leq |b - a_n| + |a_n - a| < b - a. \qquad ✠ \qquad □$$

II. KONVERGENZ UND STETIGKEIT

(1.3) Satz. *Eine konvergente Folge ist beschränkt, d.h. die Menge* $\{a_n \mid n \in \mathbb{N}\}$ *der Folgenglieder ist beschränkt.*

Beweis: Angenommen $(a_n) \to a$, dann gilt für alle $n > N$:

$$|a_n - a| < 1, \quad \text{also} \quad |a_n| - |a| \leq |a_n - a| < 1, \quad \text{also} \quad |a_n| \leq |a| + 1.$$

Also gilt für alle n:

$$|a_n| \leq \max\{|a_1|, |a_2|, \ldots, |a_N|, |a| + 1\}. \qquad \square$$

Folgen kann man addieren, multiplizieren, manchmal auch dividieren, nämlich man definiert:

$$\lambda(a_n) + \mu(b_n) := (\lambda a_n + \mu b_n) \quad \text{für} \quad \lambda, \mu \in \mathbb{R}.$$
$$(a_n) \cdot (b_n) := (a_n \cdot b_n).$$

Ist $a_n \neq 0$ für alle n, so ist

$$1/(a_n) := (1/a_n).$$

Die erste Operation macht die Menge aller Folgen zu einem reellen Vektorraum; die Multiplikation ist assoziativ, kommutativ und distributiv:

$$(a_n)\,((b_n) + (c_n)) = (a_n)(b_n) + (a_n)(c_n).$$

Die konstante Folge (1) ist ein neutrales Element der Multiplikation. Die Grenzwertbildung ist mit den algebraischen Operationen **verträglich**:

(1.4) Satz. *Es konvergiere* $(a_n) \to a$ *und* $(b_n) \to b$, *dann gilt:*

(i) lim *ist linear, das heißt:* $\quad \lambda(a_n) + \mu(b_n) \to \lambda a + \mu b$.

(ii) lim *ist multiplikativ, das heißt:* $(a_n) \cdot (b_n) \to a \cdot b$.

(iii) *Ist* $b \neq 0$, *so ist* $b_n \neq 0$ *für fast alle* n, *also etwa für alle* $n > N$. *Es gilt:*

$$(1/b_n)_{n>N} \to 1/b.$$

§ 1. FOLGEN UND REIHEN REELLER ZAHLEN

Beweis: (i) Sei $\varepsilon > 0$ gegeben. Wir müssen zeigen, daß für fast alle n gilt

$$|\lambda a_n + \mu b_n - \lambda a - \mu b| < \varepsilon.$$

Die linke Seite schätzen wir ab:

$$|\lambda(a_n - a) + \mu(b_n - b)| \leq |\lambda| \cdot |a_n - a| + |\mu| \cdot |b_n - b|.$$

Sind nun $\eta > 0$, $\zeta > 0$ vorgegeben, so ist für fast alle n nach Voraussetzung

$$|a_n - a| < \eta, \quad |b_n - b| < \zeta,$$

also ist die rechte Seite der Ungleichung für fast alle n

$$< |\lambda|\eta + |\mu|\zeta < B(\eta + \zeta), \quad \text{mit} \quad B = |\lambda| + |\mu| + 1.$$

Zu dem gegebenen ε wähle jetzt $\eta = \zeta = \frac{\varepsilon}{2B}$, dann ist $B(\eta + \zeta) \leq \varepsilon$, also die behauptete Ungleichung für fast alle n gezeigt.

(ii) Zu gegebenem $\varepsilon > 0$ müssen wir für fast alle n zeigen:

$$|a_n b_n - ab| < \varepsilon.$$

Die linke Seite schätzen wir folgendermaßen ab:

$$|\cdots| = |a_n b_n - ab_n + ab_n - ab| \leq |b_n| \cdot |a_n - a| + |a| \cdot |b_n - b|.$$

Jetzt wähle B so groß, daß $|b_n| < B$ für alle n, und $|a| < B$ (Satz 1.3), dann setzt sich die Abschätzung fort:

$$|\cdots| < B \cdot (|a_n - a| + |b_n - b|).$$

Für fast alle n ist nun $|a_n - a| < \frac{\varepsilon}{2B}$, $|b_n - b| < \frac{\varepsilon}{2B}$, also $|\cdots| < \varepsilon$.

(iii) Weil $|b| > 0$ ist, können wir die Definition der Konvergenz insbesondere für $\varepsilon = \frac{1}{2}|b|$ anwenden und finden, daß für fast alle n gilt: $|b_n - b| < \frac{1}{2}|b|$, und daher

$$|b_n| = |b - (b - b_n)| \geq |b| - |b - b_n| > \tfrac{1}{2}|b|.$$

Also ist $|b_n|$ fast immer ungleich 0, und es gilt fast immer:

$$\left| \frac{1}{b_n} - \frac{1}{b} \right| = \left| \frac{b_n - b}{bb_n} \right| = \frac{1}{|b||b_n|}|b_n - b| \leq \frac{2}{|b|^2} \cdot |b_n - b|.$$

Aber auch fast immer ist $|b_n - b| < \varepsilon \cdot \frac{|b|^2}{2}$, also $\left| \frac{1}{b_n} - \frac{1}{b} \right| < \varepsilon$ für fast alle n. □

Ist (a_n) eine Folge, und $(n_k)_{k \in \mathbb{N}}$ eine Folge natürlicher Zahlen, sodaß $n_1 < n_2 < \cdots$, so heißt die Folge

$$(a_{n_k})_{k \in \mathbb{N}} = a_{n_1}, a_{n_2}, a_{n_3} \cdots$$

eine **Teilfolge** von (a_n). Ist (a_n) konvergent, so auch jede Teilfolge mit dem selben Grenzwert. Allgemeiner gilt:

(1.5) Satz. *Sei* $\lim (a_n) = a$ *und* $\rho : \mathbb{N} \to \mathbb{N}$ *injektiv, dann ist*

$$\lim (a_{\rho(n)} \mid n \in \mathbb{N}) = a.$$

Den Fall der Teilfolge erhält man, wenn man $\rho(k) = n_k$ setzt. Hier wird aber ausgesagt, daß man Folgenglieder auch beliebig umordnen darf, ohne daß sich das Grenzverhalten ändert.

Beweis: $(a_n) \to a$ heißt: Für jedes $\varepsilon > 0$ ist $a_n \in U_\varepsilon(a)$ für fast alle n, also für alle bis auf etwa $n \in \{1, 2, \ldots, K\}$. Weil ρ injektiv ist, gibt es höchstens K Zahlen n, sodaß $\rho(n) \in \{1, \ldots, K\}$, also für fast alle n gilt $\rho(n) \notin \{1, \ldots, K\}$. Also für fast alle n ist $a_{\rho(n)} \in U_\varepsilon(a)$, und das heißt $(a_{\rho(n)}) \to a$. □

Das Grenzverhalten von Folgen ist auch im gewissen Maße mit der Anordnung der reellen Zahlen verträglich:

(1.6) Satz. *Sind* (a_n) *und* (b_n) *konvergente Folgen und ist* $a_n \leq b_n$ *für fast alle* n, *so ist* $\lim (a_n) \leq \lim (b_n)$.

Warnung: Man darf jedoch **nicht** aus $a_n < b_n$ für alle n auf $\lim (a_n) < \lim (b_n)$ schließen! Zur Warnung dient folgendes Beispiel:

§1. Folgen und Reihen reeller Zahlen

Es sei $a_n = 0$ für alle n, und $b_n = \frac{1}{n}$. Offenbar $a_n = 0 < \frac{1}{n} = b_n$, aber $0 = \lim(a_n) = \lim(b_n)$.

Beweis des Satzes: Angenommen $(a_n) \to a$, $(b_n) \to b$, und $a > b$, so wähle $\varepsilon = \frac{a-b}{2}$, dann ist für fast alle n:
$$|a_n - a| < \frac{a-b}{2}, \quad |b_n - b| < \frac{a-b}{2},$$
also
$$b_n < b + \frac{a-b}{2} = \frac{a+b}{2} = a - \frac{a-b}{2} < a_n. \qquad \maltese \qquad \square$$

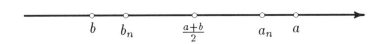

Eng verwandt mit dem Begriff der Folge ist der einer Reihe, ja eigentlich handelt es sich recht besehen nur um eine andere Sprechweise für dieselbe Sache, die aber oft angemessener ist. Man kann sich eine Reihe als unendliche Summe vorstellen.

Definition (Reihe). *Sei (a_n) eine reelle Folge. Die Folge (A_n) der Summen*
$$A_n := \sum_{k=1}^{n} a_k$$
heißt **Reihe** *mit* **Gliedern** *a_k und wird mit $\sum_{k=1}^{\infty} a_k$ bezeichnet. Man nennt A_n die n-te* **Partialsumme** *der Reihe.* Oft beginnt die Summation auch bei einer andern ganzen Zahl, die Reihe $\sum_{k=n_0}^{\infty} a_k$ ist die Folge der Partialsummen $\sum_{n_0 \leq k \leq n} a_k$, die dann auch für $n \geq n_0$ erklärt sind. Konvergiert eine Reihe (d.h. die Folge der Partialsummen), so bezeichnet man auch den Grenzwert mit $\sum_{k=1}^{\infty} a_k$ und nennt ihn die **Summe der Reihe**.

Also beachte: Das Symbol $\sum_{k=1}^{\infty} a_k$ bezeichnet:

1) *Die Folge $(A_n \mid n \in \mathbb{N})$ der Partialsummen.*
2) *Den Grenzwert $\lim_{n \to \infty}(\sum_{k=1}^{n} a_k)$, falls er existiert.*

Offenbar läßt sich jede reelle Folge (A_n) als Reihe $\sum_{k=1}^{\infty} a_k$ schreiben, man wähle $a_1 = A_1$, $a_n = A_n - A_{n-1}$ für $n > 1$. Die Betrachtung von Folgen und Reihen ist also eigentlich dasselbe, und alles was über Folgen gesagt ist, läßt sich für Reihen umformulieren. Nur treten eben viele Reihen von Natur als Reihen auf und haben als Reihen eine durchsichtige Form, die beim Übergang zur Folge der Partialsummen verlorengeht. Ein klassisches Beispiel einer Reihe:

(1.7) Geometrische Reihe.

$$\sum_{k=0}^{\infty} x^k = \frac{1}{1-x} \quad \textit{für } |x| < 1,$$

$$\sum_{k=0}^{\infty} x^k \quad \textit{ist divergent für } |x| \geq 1.$$

Hier hat man beide Bedeutungen des Zeichens $\sum_{k=0}^{\infty} x^k$ beieinander.

Beweis: Wir berechnen die n-te Partialsumme:

$$\left(\sum_{k=0}^{n} x^k\right)(1-x) = \sum_{k=0}^{n} x^k - \sum_{k=0}^{n} x^{k+1} = \sum_{k=0}^{n} x^k - \sum_{k=1}^{n+1} x^k = 1 - x^{n+1},$$

also
$$X_n := \sum_{k=0}^{n} x^k = \frac{1 - x^{n+1}}{1 - x},$$

falls $x \neq 1$. Dies schreiben wir in der Form:
$$X_n = (1-x)^{-1} \cdot (1 - x^{n+1}) \to (1-x)^{-1}$$
für $|x| < 1$, weil $(x^n) \to 0$. $\qquad\square$

§ 2. KONVERGENZSÄTZE   35

Für $|x| \geq 1$ ist die Reihe sicher divergent, denn

(1.8) Bemerkung. *Ist die Reihe $\sum_{k=1}^{\infty} a_k$ konvergent, so gilt $(a_k) \to 0$. Die Umkehrung ist, wie wir bald sehen werden, nicht richtig, die Bedingung $(a_k) \to 0$ ist* **notwendig,** *nicht* **hinreichend** *für Konvergenz.*

Beweis: Ist $A_n = \sum_{k=1}^{n} a_k$ und $a = \lim_n(A_n)$, so folgt:
$(a_k) = (A_k - A_{k-1}) \to a - a = 0$.   □

Wir beschließen diesen Abschnitt mit dem Beispiel einer Folge, wo man die Charakterisierung der Divergenz zu einem Konvergenzbeweis benutzen kann:

$$\lim(\sqrt[n]{n}) = 1.$$

Beweis: Offenbar ist $\sqrt[n]{n} \geq 1$, denn wäre $\sqrt[n]{n} < 1$, so $n < 1^n = 1$. Angenommen $\sqrt[n]{n}$ geht nicht gegen 1, so gäbe es ein $\varepsilon > 0$ und dazu unendlich viele n, sodaß $\sqrt[n]{n} \geq (1 + \varepsilon)$, also

$$n \geq (1 + \varepsilon)^n = 1 + n\varepsilon + \frac{n(n-1)}{2}\varepsilon^2 + \cdots \geq \frac{n(n-1)}{2}\varepsilon^2,$$

also $1 \geq (n-1)\frac{\varepsilon^2}{2}$ für unendlich viele n, im Widerspruch zu Archimedes.   □

§ 2. Konvergenzsätze

Sätze über Folgen lassen sich als Sätze über Reihen schreiben und umgekehrt. Der Satz zum Beispiel, daß die Grenzwertbildung mit Linearkombinationen verträglich, also *lim* linear ist, nimmt für Reihen folgende Gestalt an:

(2.1) Satz. *Sind die Reihen $\sum_{k=1}^{\infty} c_k$ und $\sum_{k=1}^{\infty} d_k$ konvergent und $\lambda, \mu \in \mathbb{R}$, so ist*

$$\sum_{k=1}^{\infty} (\lambda c_k + \mu d_k) = \lambda \sum_{k=1}^{\infty} c_k + \mu \sum_{k=1}^{\infty} d_k. \qquad \square$$

Für nicht konvergente Reihen definieren wir die rechte Seite der Formel durch die linke; dann handelt es sich wieder um eine Gleichung zwischen Folgen, nicht wie hier zwischen reellen Zahlen. Auch Definitionen übertragen sich: Eine Reihe heißt **beschränkt**, falls die Folge der Partialsummen beschränkt ist. Eine konvergente Reihe ist beschränkt.

Bisher ging es einfach zu: Wir haben die Konvergenz einer Folge oder Reihe bewiesen, indem wir den Grenzwert angegeben und die in der Definition der Konvergenz geforderte Abschätzung nachgewiesen haben. Jetzt aber kommen wir zu einer ganz neuen Art von Sätzen: sie behaupten die Existenz eines Grenzwertes, ohne ihn vorzuweisen. Ja, wir werden oft reelle Zahlen $e, \pi, \sqrt{2}, \ldots$ eben als solche Grenzwerte erst bestimmen und benennen.

Definition *(Monotonie). Eine Folge (a_n) heißt:*

monoton wachsend		$a_n \leq a_{n+1}$,
monoton fallend	*wenn für*	$a_n \geq a_{n+1}$,
streng monoton wachsend	*alle n gilt:*	$a_n < a_{n+1}$,
streng monoton fallend		$a_n > a_{n+1}$.

Für die zugeordnete Reihe bedeutet das, daß ihre Glieder jeweils ≥ 0, ≤ 0, > 0, < 0 sind. Reihen mit nicht negativen Gliedern nennen wir oft kurz **positiv**. Der Sprachgebrauch ist hier wie bei den natürlichen Zahlen etwas schwankend, und Konsequenz führt leicht zur Unbequemlichkeit. Die Nullen mögen gern unsere Aufmerksamkeit über Gebühr beanspruchen.

§ 2. KONVERGENZSÄTZE   37

(2.2) Satz *(Monotone Konvergenz). Eine monoton wachsende nach oben beschränkte Folge konvergiert. Eine beschränkte Reihe mit nicht negativen Gliedern konvergiert. (Entsprechendes gilt für fallende Folgen und für Reihen mit Gliedern ≤ 0).*

Beweis: Die zweite Behauptung ist eine Umformulierung der ersten, und die erste braucht man nur für wachsende Folgen zu zeigen (Übergang zum Negativen). Sei also $a_n \leq a_{n+1} \leq K$ für alle $n \in \mathbb{N}$. Sei $a = \sup\{a_n \mid n \in \mathbb{N}\}$. Dann ist $a_n \leq a$ für alle n, aber ist $\varepsilon > 0$, so ist $a_N \geq a - \varepsilon$ für ein $N \in \mathbb{N}$, und daher auch $a_n \geq a - \epsilon$ für alle $n > N$ wegen der Monotonie. Also $a_n \in (a - \varepsilon, a]$ für fast alle n.   □

Betrachten wir als Anwendung die Folge (a_n), die durch die Rekursionsformel

$$a_0 = a + 1, \quad a_{n+1} = a_n \left(1 + \frac{a - a_n^k}{k a_n^k} \right)$$

für ein festes $a > 0$ und ein festes $k \in \mathbb{N}$ definiert ist. Man sieht:

(i) $a_n > 0$,   (ii) $a_n < a_{n-1}$,   (iii) $a_n^k > a$.

Beweis durch Induktion nach n: Die Behauptungen, soweit sinnvoll, gelten für $n = 0$ und seien für ein n nun angenommen. Dann folgt $a_{n+1} < a_n$, weil $a - a_n^k < 0$, also (ii) für $n + 1$; $a_{n+1} > 0$,weil $k a_n^k + a - a_n^k > 0$, also (i) für $n + 1$; schließlich nach Bernoulli

$$a_{n+1}^k = a_n^k \left(1 + \frac{a - a_n^k}{k a_n^k} \right)^k \geq a_n^k \left(1 + \frac{k(a - a_n^k)}{k a_n^k} \right) = a,$$

also (iii) für $n + 1$.   □

Demnach ist die Folge monoton fallend und durch 0 nach unten beschränkt, konvergiert also gegen eine Zahl $s \geq 0$, ihr Infimum.

Was wissen wir über diesen Grenzwert s? Es ist ja nach der Rekursionsformel
$$k\, a_{n+1} a_n^{k-1} = (k-1) a_n^k + a,$$
und gehen wir beidseits in allen Summanden und Faktoren zum Grenzwert über, was wir nach (II, 1.4) dürfen, so folgt $ks^k = (k-1)s^k + a$, also $s^k = a$; die Folge konvergiert demnach gegen eine Zahl s mit $s^k = a$. Daraus entnehmen wir insbesondere die

(2.3) Bemerkung. *Jede positive reelle Zahl besitzt zu jedem $k \in \mathbb{N}$ genau eine positive k-te Wurzel.*

Beweis: Die Existenz haben wir gerade gesehen, die Eindeutigkeit sieht man leicht: Ist $0 \le s < t$, so $0 \le s^k < t^k$. Ist also $0 \le s \le t$ und $s^k = t^k = a$, so $s = t$. □

Interessanter als der Beweis ist freilich, wie man auf die Folge kommt: Man sucht ja eine Nullstelle der Funktion $f(x) = x^k - a$. Ist a_n eine noch zu große Schätzung, so bestimmt man eine verbesserte Schätzung a_{n+1} so, daß
$$\frac{f(a_n)}{a_n - a_{n+1}} = f'(a_n).$$

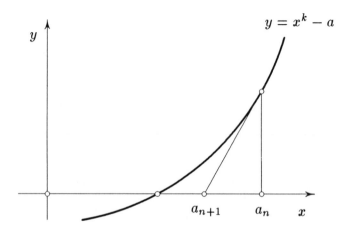

§ 2. KONVERGENZSÄTZE   39

In unserem Fall hat f die Steigung $f'(a_n) = k\, a_n^{k-1}$ am Punkt a_n.
Der Beweis zeigt explizit, daß man bei Iteration des Verfahrens —
welches nach Newton heißt — die Nullstelle als Grenzwert erhält.
Hier ist, wie man sieht, noch viel zu lernen.

Die Beschränktheit einer positiven Reihe prüft man meist so nach,
daß man die Reihe mit einer andern vergleicht, über deren Konvergenz man Bescheid weiß.

(2.4) Majorantenkriterium. *Sei $c_n \geq 0$ für alle n. Eine Reihe*
$\sum_{n=1}^{\infty} a_n$ *heißt* **Majorante** *von* $\sum_{n=1}^{\infty} c_n$, *falls $c_n \leq a_n$ für alle n.*

*Besitzt eine Reihe mit nicht negativen Gliedern eine konvergente
Majorante, so konvergiert sie.*

Beweis: Mit Bezeichnungen des Satzes ist

$$\sum_{n=1}^{k} c_n \leq \sum_{n=1}^{k} a_n \leq \sup\left\{\sum_{n=1}^{k} a_n \mid k \in \mathbb{N}\right\} = \sum_{n=1}^{\infty} a_n.$$

Also ist $\sum_{n=1}^{\infty} c_n$ beschränkt und folglich konvergent.   □

Das Konvergenzverhalten ändert sich übrigens nicht, wenn man
endlich viele Glieder der Reihe ändert, denn die Partialsummen von
$\sum_{k=1}^{\infty} c_k$ und $\sum_{k=K}^{\infty} c_k$ unterscheiden sich für $n \geq K$ um die Konstante $\sum_{k=1}^{K-1} c_k$, also $\sum_{k=1}^{\infty} c_k = \sum_{k=1}^{K-1} c_k + \sum_{k=K}^{\infty} c_k$, die rechte
Seite konvergiert genau wenn die linke konvergiert.

Das Majorantenkriterium hat viele Anwendungen, z.B.:

(2.5) Verdichtungslemma von Cauchy. *Sei (c_n) eine nicht negative reelle monoton fallende Folge, dann konvergiert $\sum_{n=1}^{\infty} c_n$ genau
dann, wenn $\sum_{k=1}^{\infty} 2^k \cdot c_{2^k}$ konvergiert.*

Beweis: Wir schätzen die 2^k Summanden c_n mit $2^k \leq n \leq 2^{k+1}-1$ alle durch den ersten c_{2^k} von oben ab und erhalten

$$\sum_{n=2^k}^{2^{k+1}-1} c_n \leq 2^k c_{2^k}.$$

Also wenn $\sum_k 2^k c_{2^k}$ beschränkt ist, so auch $\sum_n c_n$. Umgekehrt schätzen wir die 2^{k-1} Summanden c_n mit $2^{k-1}+1 \leq n \leq 2^k$ alle von unten durch den letzten c_{2^k} ab und erhalten

$$2 \cdot \sum_{n=2^{k-1}+1}^{2^k} c_n \geq 2 \cdot 2^{k-1} c_{2^k} = 2^k c_{2^k}.$$

Also wenn $\sum_n c_n$ beschränkt ist, so auch $\sum_k 2^k c_{2^k}$. □

(2.6) Anwendung. *Die Reihe $\sum_{n=1}^{\infty} \frac{1}{n^\alpha}$ ist genau dann konvergent, wenn $\alpha > 1$ ist.*

Beweis: Die Reihe konvergiert nicht für $\alpha \leq 0$, weil $\left(\frac{1}{n^\alpha}\right)$ dann keine **Nullfolge** ist (d.h. nicht gegen Null konvergiert). Für $\alpha > 0$ ist das Lemma anwendbar, und wir haben die geometrische Reihe $\sum 2^k / 2^{k\alpha} = \sum (2^{1-\alpha})^k$ zu untersuchen. Diese konvergiert genau wenn $2^{1-\alpha} < 1$, also wenn $2 < 2^\alpha$, und dies bedeutet $\alpha > 1$. Für nicht rationale α ist zwar vorläufig x^α jedenfalls nicht definiert, aber das werden wir schon so nachholen, daß dies ein allgemein gültiger Beweis ist. □

Insbesondere **divergiert** die **Harmonische Reihe**

$$\sum_{n=1}^{\infty} \frac{1}{n},$$

obwohl die Folge $(1/n)$ ihrer Glieder eine Nullfolge ist.

§ 2. KONVERGENZSÄTZE

Die geometrische Reihe ist die wichtigste Vergleichsreihe bei Anwendungen des Majorantenkriteriums. Klassische Anwendungen sind die folgenden:

(2.7) Quotientenkriterium. *Sei* $c_n \geq 0$, *und es existiere eine Zahl* $\vartheta < 1$, *sodaß* $c_{n+1} \leq \vartheta c_n$ *für fast alle* n. *Dann konvergiert* $\sum_{n=0}^{\infty} c_n$.

Beweis: Weil es auf endlich viele Glieder nicht ankommt, sei oBdA $c_{n+1} \leq \vartheta c_n$ für alle n, dann folgt induktiv $c_n \leq \vartheta^n c_0$, also hat $\sum c_n$ die Majorante $c_0 \sum \vartheta^n$, die wegen $\vartheta < 1$ konvergiert. $\square$

Anwendung. *Die* **Exponentialreihe**

$$e^x := \sum_{n=0}^{\infty} \frac{x^n}{n!}$$

konvergiert für alle $x \geq 0$. *Sie wird uns noch oft begegnen, sie konvergiert tatsächlich für alle* x, *siehe unten* (2.14).

Beweis: Das Quotientenkriterium ist schlüssig: $c_{n+1}/c_n = \frac{x}{n+1} \to 0$ für $n \to \infty$, also $c_{n+1} < \frac{1}{2} c_n$ für fast alle n. $\square$

Bei der harmonischen Reihe erhalten wir $c_{n+1}/c_n = \frac{n}{n+1} < 1$, aber wie wir wissen gilt $\left(\frac{n}{n+1}\right) \to 1$, es gibt keine Zahl $\vartheta < 1$ **unabhängig** von n, sodaß $c_{n+1}/c_n < \vartheta$. Dasselbe finden wir aber auch bei der Reihe $\sum \frac{1}{n^2}$. Hier ist $c_{n+1}/c_n = \frac{n^2}{(n+1)^2} = \left(\frac{n}{n+1}\right)^2 \to 1$, und diese Reihe konvergiert. In diesen Fällen lehrt das Quotientenkriterium nichts.

(2.8) Wurzelkriterium. *Sei* $c_n \geq 0$, *und es existiere eine Zahl* $\vartheta < 1$, *sodaß* $\sqrt[n]{c_n} \leq \vartheta$ *für fast alle* n, *dann konvergiert* $\sum_{n=0}^{\infty} c_n$. *Ist* $\sqrt[n]{c_n} \geq 1$ *für unendlich viele* n, *so divergiert* $\sum c_n$.

Beweis: Die zweite Behauptung ist trivial, es folgt ja $c_n \geq 1$. Ist oBdA $\sqrt[n]{c_n} \leq \vartheta$, so ist $c_n \leq \vartheta^n$ und $\sum \vartheta^n$ eine Majorante. □

Auch dieses Kriterium ist für die Reihen $\sum_{n=1}^{\infty} \frac{1}{n^\alpha}$ nicht schlüssig. Ist das Quotientenkriterium schlüssig, so auch das Wurzelkriterium, denn ist $c_{n+1} \leq \vartheta c_n$, $\vartheta < 1$, also $c_n \leq \vartheta^n c_0$, so ist $\sqrt[n]{c_n} \leq \vartheta \cdot \sqrt[n]{c_0}$, und $\sqrt[n]{c_0} \to 1$ für $c_0 > 0$. Das Quotientenkriterium ist jedoch oft leichter anzuwenden, weil man Quotienten leichter berechnet als n-te Wurzeln.

Bisher haben wir Reihen mit nicht negativen Gliedern betrachtet. Ihr Konvergenzverhalten lehrt auch viel über beliebige Reihen, wie wir bald sehen werden. Zuvor jedoch bemerken wir das klassische

(2.9) Leibniz-Kriterium. *Ist (a_k) eine positive monoton fallende Folge, so heißt die Reihe $\sum_{k=0}^{\infty}(-)^k a_k$ **alternierend**. Sie konvergiert genau wenn (a_k) eine Nullfolge ist.*

Beweis: Sei $A_n = \sum_{k=0}^{n}(-)^k a_k$ die n-te Partialsumme. Wir schreiben kurz $(-)^k := (-1)^k$. Es gilt:

(i) $A_{2n} \geq A_{2n} - a_{2n+1} + a_{2n+2} = A_{2n+2}$,
(ii) $A_{2n+1} \leq A_{2n+1} + a_{2n+2} - a_{2n+3} = A_{2n+3}$,
(iii) $A_{2n} \geq A_{2n} - a_{2n+1} = A_{2n+1}$,
(iv) $A_{2n} - A_{2n+1} = a_{2n+1} \to 0$.

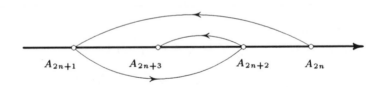

§ 2. KONVERGENZSÄTZE   43

Die Folge (A_{2n}) ist nach (i) monoton fallend, und nach (iii), (ii) ist $A_{2n} \geq A_{2n+1} \geq A_{2n-1} \ldots \geq A_1$, also ist (A_{2n}) nach unten beschränkt, daher $(A_{2n}) \to a$. Nach (iv) gilt auch $(A_{2n+1}) = (A_{2n}) - (a_{2n+1}) \to a - 0 = a$, und aus beidem zusammen folgt $(A_n) \to a$, denn in der Tat, schließlich mal ist $|A_{2n} - a| < \varepsilon$ und $|A_{2n+1} - a| < \varepsilon$.   □

Wir bemerken unter der Hand: Wenn (a_{2n}) und (a_{2n+1}) gegen die gleiche Zahl konvergieren, so konvergiert (a_n) gegen dieselbe.

Anwendung. *Die folgenden Reihen sind konvergent (die Angabe des Grenzwertes beweisen wir freilich noch nicht):*

$$1 - \frac{1}{2} + \frac{1}{3} - \frac{1}{4} + - \cdots = \log 2,$$
$$1 - \frac{1}{3} + \frac{1}{5} - \frac{1}{7} + - \cdots = \frac{\pi}{4}.$$

Die bisher betrachteten Kriterien sind oft nützlich, aber oft auch nicht schlüssig. Es gibt aber eine wichtige allgemeine Charakterisierung konvergenter Folgen, die nicht benutzt, daß man etwa den Grenzwert kennt — das ist ja das Handicap bei der Definition der Konvergenz. Zuvor ein technisches

(2.10) Lemma. *Jede Folge besitzt eine monotone Teilfolge.*

Beweis: Sei (a_n) die Folge. Eine Stelle $n \in \mathbb{N}$ heiße "niedrig", wenn $a_{n+k} \geq a_n$ für alle $k \in \mathbb{N}$ ist. Zwei Fälle sind möglich:

1. Fall: Es gibt unendlich viele niedrige Stellen (nach jedem $N \in \mathbb{N}$ noch ein niedriges n). Dann bilden die Folgenglieder a_n an den niedrigen Stellen n eine monoton wachsende Teilfolge.

2. Fall: Nach einem $N \in \mathbb{N}$ kommt kein niedriges n mehr. Zu jedem $n > N$ gibt es dann ein $k \in \mathbb{N}$ mit $a_{n+k} < a_n$, weil n ja nicht "niedrig" ist. Daher findet man induktiv eine monoton fallende Teilfolge $(a_{n_\ell} \mid \ell \in \mathbb{N})$. $\qquad\square$

(2.11) Satz (Bolzano-Weierstraß). *Jede beschränkte Folge besitzt eine konvergente Teilfolge.*

Beweis: Wähle eine monotone Teilfolge nach dem Lemma; sie konvergiert. $\qquad\square$

Ein Punkt $a \in \mathbb{R}$ heißt **Häufungspunkt** der Folge (a_n), wenn es eine Teilfolge von (a_n) gibt, die gegen a konvergiert. Eine beschränkte Folge besitzt also stets einen Häufungspunkt. Eine konvergente Folge besitzt genau einen Häufungspunkt, ihren Grenzwert. Eine beschränkte Folge ist genau dann konvergent, wenn sie nur einen Häufungspunkt besitzt. Ist nämlich a der Häufungspunkt und $\varepsilon > 0$, und sind nicht fast alle a_n in $(a - \varepsilon, a + \varepsilon)$, so gibt es eine Teilfolge $a_{n_k} \notin (a - \varepsilon, a + \varepsilon)$, die einen anderen Häufungspunkt als a hat. Dieser wäre auch Häufungspunkt von (a_n).

Bemerkung. *Die Zahl a ist Häufungspunkt von (a_n) genau wenn jede Umgebung von a unendlich viele a_n enthält.*

Beweis:
$\Rightarrow$: eine ε-Umgebung U von a enthält a_{n_k} für fast alle k, falls $(a_{n_k} \mid k \in \mathbb{N}) \to a$.
$\Leftarrow$: Wähle $\varepsilon = \frac{1}{k}$, und $n_k > n_{k-1}$, so daß $a_{n_k} \in U_\varepsilon(a)$, dann folgt $(a_{n_k}) \to a$, also a ist Häufungspunkt von (a_n). $\qquad\square$

Nimmt man Punkte ∞, $-\infty$ zu $\mathbb{R}$ hinzu, so besitzt jede Folge eine konvergente Teilfolge, also einen Häufungspunkt, und eine Folge

§ 2. KONVERGENZSÄTZE   45

ist genau dann konvergent, wenn sie genau einen Häufungspunkt be-
sitzt, wenn man auch Konvergenz gegen ∞ bzw. $-\infty$ zuläßt. Die ε-
Umgebungen von ∞ bzw. $-\infty$ sind die Mengen $(\varepsilon, \infty] = \{x \mid x > \varepsilon\}$
bzw. $[-\infty, -\varepsilon) = \{x \mid x < -\varepsilon\}$ für beliebig große ε.

Für eine Folge (a_n) heißt die Zahl

$$c = \overline{\lim}(a_n) := \inf\{x \mid a_n \leq x \text{ für fast alle } n\} =: \limsup(a_n)$$

der **Limes superior** oder **obere Häufungspunkt** von (a_n), und
in der Tat ist c der größte Häufungspunkt von (a_n) — wenn man
$\infty, -\infty$ zu den Punkten hinzunimmt. Offenbar gibt es keinen grös-
seren, größer als $c+\varepsilon$, man muß also nur sehen, daß c Häufungspunkt
ist. Nun sind nicht fast alle $a_n \leq c-\varepsilon$, also ∞ viele $a_n > c-\varepsilon$, und
fast alle $a_n \leq c+\varepsilon$, also ∞ viele $a_n \in U_\varepsilon(c)$, was zu zeigen war.

Man findet entsprechend, daß der **Limes inferior** oder auch **untere Häufungspunkt**

$$\underline{\lim}(a_n) := \sup\{x \mid a_n \geq x \text{ für fast alle } n\} =: \liminf(a_n)$$

der minimale Häufungspunkt von (a_n) ist. Ist $\varepsilon > 0$ beliebig klein,
so ist

$$\underline{\lim}(a_n) - \varepsilon < a_n < \overline{\lim}(a_n) + \varepsilon$$

für fast alle n, und (a_n) ist genau dann konvergent, wenn $\underline{\lim}(a_n) =$
$\overline{\lim}(a_n)$. Beachte aber, daß es üblich ist, für $\overline{\lim}$, $\underline{\lim}$ alle Punkte
aus

$$\bar{\mathbb{R}} := \mathbb{R} \cup \{\infty, -\infty\}$$

zuzulassen, während man eine Folge nur **konvergent** nennt, wenn sie
gegen *eine Zahl aus* $\mathbb{R}$ konvergiert, also auch Häufungspunkte nur in
$\mathbb{R}$ betrachtet, es sei denn daß man ausdrücklich etwas anderes sagt.

Soweit war das angekündigte Allgemeine nur eine Anhäufung von
neuen Wörtern, Vokabelnlernen, aber jetzt betritt eine überaus wichtige Beschreibung konvergenter Folgen die Bühne (mit ihrem vertrau-
ten Pseudonym, Cauchy war nicht der erste, der den Satz formuliert
hat, und beweisen konnte er ihn auch nicht wirklich zureichend).

(2.12) Cauchy-Kriterium für Folgen. *Eine Folge* (a_n) *ist genau dann konvergent, wenn gilt: Zu jedem* $\varepsilon > 0$ *existiert ein* $m \in \mathbb{N}$, *sodaß für alle* $k \in \mathbb{N}$

$$|a_{m+k} - a_m| < \varepsilon.$$

Beweis: Ist $\lim(a_n) = a$, so existiert ein $m \in \mathbb{N}$, sodaß für alle $k \in \mathbb{N}_0$ gilt $|a_{m+k} - a| < \varepsilon/2$, also

$$|a_m - a_{m+k}| \leq |a_{m+0} - a| + |a - a_{m+k}| < \varepsilon.$$

Ist umgekehrt $|a_{m+k} - a_m| < \varepsilon$ für alle k zu einem festen m, so ist die Folge $(a_{m+k} \mid k \in \mathbb{N})$ beschränkt, und daher auch die Folge (a_n). Eine Teilfolge (a_{n_ℓ}) konvergiert nach Bolzano-Weierstraß gegen ein a, und wir zeigen $a = \lim(a_n)$.

Sei also $\varepsilon > 0$, dann ist für ein geeignetes m

  (i) $|a_m - a_{m+k}| < \varepsilon/3$ für alle k. Insbesondere ist also

 (ii) $|a_m - a_{n_\ell}| < \varepsilon/3$ für fast alle ℓ, nämlich alle, für die $n_\ell > m$.

  Aber auch für fast alle ℓ ist

(iii) $|a_{n_\ell} - a| < \varepsilon/3$.

Aus (ii), (iii) also $|a_m - a| < \frac{2\varepsilon}{3}$, und hieraus mit (i)

$$|a - a_{m+k}| < \varepsilon \quad \text{für alle } k. \qquad \square$$

Aus der Ungleichung im Cauchy-Kriterium folgt übrigens

$$|a_{m+k} - a_{m+\ell}| < 2\varepsilon.$$

Daher hätte man, statt $|a_{m+k} - a_m| < \varepsilon$, auch $|a_k - a_\ell| < \varepsilon$ für alle $k, \ell > m$ setzen können, was man auch oft findet.

(2.13) Cauchy-Kriterium für Reihen. *Eine Reihe* $\sum_{n=0}^{\infty} c_n$ *ist genau dann konvergent, wenn es zu jedem* $\varepsilon > 0$ *ein* $m \in \mathbb{N}$ *gibt, sodaß für alle* $k \in \mathbb{N}$

$$\left| \sum_{n=m}^{m+k} c_n \right| < \varepsilon. \qquad \square$$

§ 2. KONVERGENZSÄTZE   47

(2.14) Absolute Konvergenz. *Eine Reihe $\sum_{k=0}^{\infty} c_k$ heißt absolut konvergent, wenn die Reihe der Beträge $\sum_{k=0}^{\infty} |c_k|$ konvergiert. Eine absolut konvergente Reihe ist konvergent.*

Beweis: aus dem Cauchy-Kriterium und der Dreiecksungleichung:

$$\left| \sum_{n=m}^{m+k} c_n \right| \leq \sum_{n=m}^{m+k} |c_n|.$$

Die Reihe konvergiert absolut, wenn die rechte Seite für große m stets $< \varepsilon$ ist, und sie konvergiert, wenn dasselbe für die linke Seite gilt.   □

Ist (c_n) beliebig, so heißt $\sum a_n$ eine **Majorante** von $\sum c_n$, wenn $\sum a_n$ eine Majorante der positiven Reihe $\sum |c_n|$ ist. Die Konvergenzkriterien für positive Reihen liefern unmittelbar Kriterien für absolute Konvergenz, man muß sie nur auf die Reihe $\sum |c_n|$ anwenden.

Beispiel. *Ist (a_n) beschränkt, so konvergiert die Reihe*

$$\sum_{k=0}^{\infty} a_k x^k$$

für alle $x \in \mathbb{R}$ mit $|x| < 1$ absolut.

Beweis: $\sum |a_k x^k|$ hat die Majorante $A \cdot \sum |x|^k$, die für $|x| < 1$ konvergiert.   □

Insbesondere konvergieren alle unendlichen Dezimalentwicklungen

$$\pm \sum_{k=-m}^{\infty} a_k 10^{-k}, \quad a_k \in \{0, 1, \ldots, 9\},$$

und allgemeiner gilt:

(2.15) Satz (*b-al-Zahl-Entwicklung*). *Sei* $b \geq 2$ *eine natürliche Zahl, dann läßt sich jede reelle Zahl* x *in der Form*

$$x = \pm \sum_{k=-m}^{\infty} a_k b^{-k}, \quad a_k \in \{0, \ldots, b-1\},$$

darstellen. Die Darstellung ist eindeutig, wenn man ausschließt, daß $a_k = b-1$ *für fast alle* k.

Beweis: OBdA ist $x \geq 0$. Man bestimmt a_ℓ induktiv so, daß $a_\ell = 0$ falls $b^{-\ell} > x$ (also für kleine ℓ), und dann a_ℓ maximal, sodaß $\sum_{k=-m}^{\ell} a_k b^{-k} \leq x$. Mit andern Worten: die ℓ-te Partialsumme der b-alen Entwicklung von x ist die größte b-ale Zahl mit ℓ Stellen hinter dem Komma, die noch nicht größer als x ist. Dann folgt induktiv sofort $|x - \sum_{k=-m}^{\ell} a_k b^{-k}| < b^{-\ell}$, also $x = \sum_{k=-m}^{\infty} a_k b^{-k}$.

Hat man zwei b-ale Entwicklungen

$$x = \sum_{-m}^{\infty} a_k b^{-k} = \sum_{-m}^{\infty} c_k b^{-k},$$

sodaß beidemal nicht fast immer $a_k = b-1$ bzw. $c_k = b-1$, so sei ℓ die erste abweichende Stelle, und oBdA $a_\ell > c_\ell$, dann ist $\sum_{-m}^{\infty} a_k b^{-k} \geq \sum_{-m}^{\ell} a_k b^{-k}$, und

$$\sum_{-m}^{\infty} c_k b^{-k} < \sum_{-m}^{\ell-1} a_k b^{-k} + (a_\ell - 1) b^{-\ell} + \sum_{k=\ell+1}^{\infty} (b-1) b^{-k} = \sum_{-m}^{\ell} a_k b^{-k}. \quad \maltese$$

□

Wir rechnen mit $b = 10$, weil wir 10 Finger haben. Manchen Vorzug hätte $b = 12$, weil 12 viele Teiler hat. Rechenmaschinen rechnen mit $b = 2$, Dualzahlen, weil alles in Zellen kodiert ist, die nur zwei Zustände haben. Wer viel mit Computern arbeitet, rechnet daher gerne mit $b = 2^3 = 8$ oder $b = 2^4 = 16$, weil dann die Umrechnung in Dualzahlen leichtfällt, man aber auch nahe bei $b = 10$ bleibt.

§ 2. KONVERGENZSÄTZE   49

Für die Begründung der Axiome des reellen Zahlkörpers sind b-ale Zahlentwicklungen nicht geeignet, weil zum Beispiel die Summe zweier solcher Entwicklungen nicht wieder die vorgeschriebene Gestalt hat. Gangbar ist jedoch folgender Weg: Man sagt, eine reelle Zahl ist durch eine Cauchy-Folge rationaler Zahlen gegeben, wobei man das ε im Cauchy-Kriterium auch auf rationale Zahlen beschränkt — das ist ja kein Verlust. Und zwei rationale Cauchy-Folgen sollen dieselbe reelle Zahl bedeuten, wenn ihre Differenz eine Nullfolge, d.h. eine gegen 0 konvergente Folge ist. Wie man dann die algebraischen Verknüpfungen erklärt, ist klar, und man nennt eine rationale Cauchy-Folge (a_n) **positiv**, wenn ein $\varepsilon > 0$ in $\mathbb{Q}$ existiert, sodaß $a_n > \varepsilon$ für fast alle n. Positive Folgen definieren die positiven reellen Zahlen. Mit diesen Erklärungen und Vertrauen in die Logik ist es nicht schwer, die Axiome zu bestätigen. Auch zeigt man nacheinander, daß durch die Axiome $\mathbb{N}$ und damit der Ring $\mathbb{Z}$, der Körper $\mathbb{Q}$ und schließlich $\mathbb{R}$ mit algebraischer Struktur und dadurch bestimmter Anordnung bis auf Isomorphie eindeutig bestimmt sind. Es gibt bis auf Umbenennung einen und nur einen Körper $\mathbb{R}$, der den mitgeteilten Axiomen genügt. Das wollen wir nicht weiter verfolgen.

Statt "b-al" sagt man vielfach auch "b-adisch", aber das scheint mir eher verwirrend, weil das Wort in der Zahlentheorie etwas äußerlich Ähnliches, tatsächlich aber sehr Verschiedenes bedeutet.

Für absolut konvergente Reihen gelten sehr starke Versionen des kommutativen Gesetzes:

(2.16) Umordnungssatz. *Sei $\sum_{k=1}^{\infty} c_k$ absolut konvergent, und sei $\rho : \mathbb{N} \to \mathbb{N}$ bijektiv, dann konvergiert $\sum_{k=1}^{\infty} c_{\rho(k)}$ absolut gegen denselben Grenzwert.*

Beweis: Sei $a_n = \sum_{k=1}^{n} c_k$, $b_n = \sum_{k=1}^{n} c_{\rho(k)}$, $\varepsilon > 0$, und m so groß gewählt, daß $\sum_{k=m}^{m+\ell} |c_k| < \varepsilon$ für alle $\ell \in \mathbb{N}$. Für genügend große $r \in \mathbb{N}$ ist dann zugleich $r > m$ und $\rho(r) > m$.

Wählen wir nun n so groß, daß diese Bedingung für alle $r \geq n$ erfüllt ist, so ist b_n eine Summe von Gliedern c_j, worunter jedenfalls alle $c_1, \ldots, c_m$ auftreten. Dasselbe gilt für a_n, und die Differenz ist folglich eine Summe von Gliedern $\pm c_j$, mit $j > m$. Daher

$$|a_n - b_n| \leq \sum_{j>m} |c_j| < \varepsilon.$$

Das zeigt schon, daß (b_n) gegen denselben Grenzwert wie (a_n) konvergiert. Wendet man das schon Gezeigte auf die Reihe $\sum |c_n|$ an, so folgt die absolute Konvergenz der umgeordneten Reihe. $\qquad\square$

Für nicht absolut konvergente Reihen gilt das gerade Gegenteil:

(2.17) Satz. *Ist $\sum_{k=1}^{\infty} c_k$ konvergent aber nicht absolut konvergent und $x \in \mathbb{R}$ beliebig, so existiert eine Umordnung $\rho : \mathbb{N} \to \mathbb{N}$, sodaß*
$$\sum_{k=1}^{\infty} c_{\rho(k)} = x.$$

Beweis: Sei (a_k) die Folge der positiven und (b_k) die Folge der negativen Glieder c_k der betrachteten Reihe. Weil $\sum c_k$ konvergiert, aber nicht absolut, gilt offenbar

$$(a_k) \to 0, \qquad (b_k) \to 0,$$

$$\left(\sum_{k=1}^{n} a_k\right) \to \infty, \qquad \left(\sum_{k=1}^{n} b_k\right) \to -\infty.$$

Wir wählen jetzt als Folge $c_{\rho(\ell)}$ rekursiv jeweils das nächste noch nicht gewählte Glied der Folge (a_k) bzw. (b_k), jenachdem

$$d_{\ell-1} := \sum_{k=1}^{\ell-1} c_{\rho(k)} < x \quad \text{oder} \quad \geq x.$$

Es ist dann schließlich $|c_{\rho(\ell)}| < \varepsilon$ für $\ell \geq L$, und ist etwa $d_L < x$, $d_{L+k} \geq x$, so ist $|d_\ell - x| < \varepsilon$ für $\ell > L + k$. $\qquad\square$

Man könnte mit ähnlichem Argument auch $x \in \{\pm\infty\}$ wählen. Später in der allgemeinen Maßtheorie wird sich mit ergeben, daß für absolut konvergente Reihen ein noch stärkerer Umordnungssatz als (2.16) gilt (siehe Bd. 2, Aufg. 12 zu Kap. III).

§ 3. Stetige Funktionen

Eine Funktion $f : \mathbb{R} \to \mathbb{R}$ heißt stetig, wenn sie keine Sprünge macht. Mit dieser Erklärung hat man sich lange begnügt, und wir wollen das auch nicht schlechtmachen. Zum Beispiel die Funktion $f(x) = x^2$ ist demnach stetig.

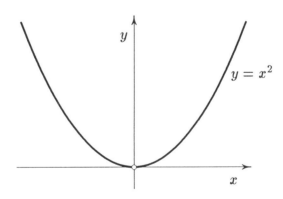

Ursprünglich hat man überhaupt nur solche Funktionen betrachtet, die sich in einer Formel hinschreiben lassen, doch dann hat die Entwicklung der Analysis selbst die Möglichkeiten, Formeln zu erzeugen, ins Ungewisse ausgeweitet, und jetzt lassen wir ganz Beliebiges zu.

Die Funktion

$$x \mapsto [x] := \max\{k \in \mathbb{Z} \mid k \leq x\},$$

der **ganzzahlige Anteil** von x, ist unstetig an den Punkten $k \in \mathbb{Z}$.

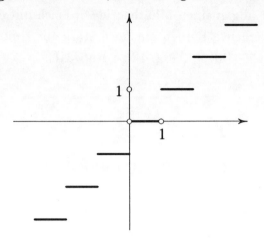

Ebenso die Funktion $f(x) = x - [x]$, die Sägezahnfunktion.

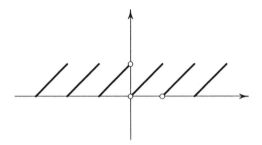

Wie aber steht es mit der Funktion
$$f(x) = \tfrac{1}{n} \quad \text{für} \quad \tfrac{1}{n} \leq |x| < \tfrac{1}{n-1}, \quad f(0) = 0,$$
im Nullpunkt?

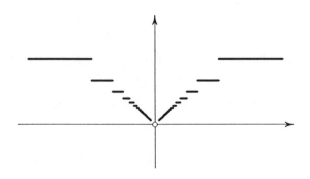

§ 3. Stetige Funktionen

Hier ist schon ein genauer und formaler Begriff der Stetigkeit nötig. Die Vorstellung, die uns leitet, ist: Wenn sich x nur wenig ändert, so ändert sich auch $f(x)$ nur wenig, und zwar ändert sich $f(x)$ *beliebig wenig*, wenn sich x *genügend wenig* ändert. "Beliebig wenig" heißt: Wenn $\varepsilon > 0$ beliebig vorgegeben ist, so ändert sich f um weniger als ε, falls sich dafür x "genügend wenig" ändert, also weniger als ein geeignetes $\delta > 0$. So kommen wir zu folgender

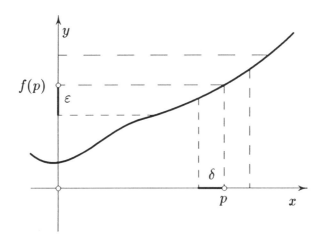

Definition *(Stetigkeit). Sei $D \subset \mathbb{R}$ und $f : D \to \mathbb{R}$ eine Funktion mit **Definitionsgebiet** D, und sei $p \in D$. Dann heißt f **stetig am Punkt** p, wenn es zu jedem $\varepsilon > 0$ ein $\delta > 0$ gibt, sodaß für alle $x \in D$ gilt:*
$$|x - p| < \delta \implies |f(x) - f(p)| < \varepsilon.$$

*Die Funktion f heißt **stetig**, falls sie an jedem Punkt $p \in D$ stetig ist. Statt "am Punkt p" sagt man auch "an p" oder "bei p".*

Wir können uns diese Definition noch etwas mundlicher zurichten. Dazu erinnern wir an folgende Sprechweise der Mengenlehre: Gegeben sei eine Abbildung $f : M \to N$.

Ist $A \subset M$, so ist $f(A) := \{f(x) \mid x \in A\} =$ **Bild** der Menge A.

Ist $B \subset N$, so ist $f^{-1}(B) := \{x \in M \mid f(x) \in B\} = $ **Urbild** der Menge B.

Die letzte Implikation in der Definition der Stetigkeit können wir dann mit Umgebungen so aussprechen:

$$x \in U_\delta(p) \Longrightarrow f(x) \in U_\varepsilon\big(f(p)\big),$$

und das heißt

$$fU_\delta(p) \subset U_\varepsilon\big(f(p)\big) \quad \text{oder} \quad U_\delta(p) \subset f^{-1}U_\varepsilon\big(f(p)\big).$$

Hierbei meinen wir mit $U_\delta(p)$ die δ-Umgebung von p im Definitionsgebiet D, also den Durchschnitt einer δ-Umgebung in $\mathbb{R}$ mit D. Demnach also ist f stetig bei p, wenn das Urbild einer jeden Umgebung von $f(p)$ stets eine Umgebung von p in D enthält. Etwas salopper sagt man wohl auch: Wenn x gegen p geht, geht $f(x)$ gegen $f(p)$. Dies rechtfertigt sich durch den

(3.1) Satz (*Folgenstetigkeit*). *Genau dann ist $f : D \to \mathbb{R}$ stetig bei $p \in D$, wenn folgendes gilt:*
Für jede Folge $(x_n) \to p$, $x_n \in D$, gilt $\big(f(x_n)\big) \to f(p)$.

Beweis: Zwei Richtungen sind zu zeigen. Sei also f stetig bei p und (x_n) eine Folge in D mit $(x_n) \to p$. Wir müssen $\big(f(x_n)\big) \to f(p)$ zeigen. Ist $\varepsilon > 0$ gegeben, so wähle dazu δ nach der Definition der Stetigkeit. Dann ist schließlich $x_n \in U_\delta(p)$, weil $(x_n) \to p$. Also $f(x_n) \in U_\varepsilon\big(f(p)\big)$. Das zeigt $\big(f(x_n)\big) \to f(p)$. Nun sei umgekehrt die Bedingung über Folgen im Satz erfüllt. Angenommen, f ist unstetig bei p. Dann gilt: Es gibt ein $\varepsilon > 0$, sodaß für alle $\delta > 0$ ein $x \in D$ existiert, mit $|x - p| < \delta$ und $|f(x) - f(p)| \geq \varepsilon$. So nämlich lautet die Negation der Stetigkeitsdefinition.

Nun, was für alle δ gilt, gilt insbesondere für $\delta = \frac{1}{n}$, $n \in \mathbb{N}$. Also finden wir ein $\varepsilon > 0$ und dazu eine Folge (x_n) in D, mit

$$|x_n - p| < 1/n \quad \text{und} \quad |f(x_n) - f(p)| \geq \varepsilon$$

§ 3. STETIGE FUNKTIONEN 55

für alle $n \in \mathbb{N}$. Die erste Ungleichung sagt $(x_n) \to p$ nach Archimedes, nach der zweiten aber konvergiert $\big(f(x_n)\big)$ nicht gegen $f(p)$, im Widerspruch zur Folgenbedingung. Damit ist die Annahme, f sei unstetig bei p, widerlegt. ✠ □

Was wir über Konvergenz wissen, läßt sich mit diesem Satz oft auch als Aussage über Stetigkeit deuten. So zum Beispiel (II, 1.4):

(3.2) Satz *(über rationale Operationen). Sind die beiden Funktionen $f, g : D \to \mathbb{R}$ stetig am Punkt $p \in D$, und sind $\lambda, \mu \in \mathbb{R}$, dann sind auch die Funktionen $\lambda f + \mu g$ und $f \cdot g$ stetig am Punkt p. Ist $f(x) \neq 0$ für alle $x \in D$, so ist auch $1/f$ stetig bei p.* □

Dabei sind die rationalen Operationen im Satz durch das Entsprechende für die Werte definiert, also

$$(\lambda f + \mu g)(x) := \lambda f(x) + \mu g(x),$$
$$(f \cdot g)(x) := f(x) \cdot g(x),$$
$$(1/f)(x) := 1/f(x).$$

Ist übrigens $f(p) \neq 0$ und f stetig bei p, so ist $f(x) \neq 0$ in einer Umgebung um p, oder wie man sagt: **lokal** um p. Wählt man nämlich $\varepsilon = |f(p)|$ und dazu δ nach der Stetigkeitsdefinition, und ist $x \in U_\delta(p)$, so ist $|f(p)| - |f(x)| \leq |f(p) - f(x)| < \varepsilon = |f(p)|$, also $|f(x)| > 0$.

Offenbar ist die **identische Abbildung**

$$\mathrm{id} : \mathbb{R} \to \mathbb{R}, \quad x \mapsto x$$

stetig, wähle $\delta = \varepsilon$. Man bezeichnet diese Funktion kurzerhand mit x, wie man ja überhaupt eine Funktion durch den Term bezeichnet, der sagt, wo x hingeht. Aus (3.2) folgt dann, daß jedes **Polynom**

$$f(x) = \sum_{k=0}^{n} a_k\, x^k$$

überall stetig ist. Ist $a_n \neq 0$, so heißt a_n der **Leitkoeffizient** und n der **Grad** des Polynoms f, und alle Polynome aller Grade bilden den reellen **Polynomring** $\mathbb{R}[x]$. Sind f, g zwei Polynome und $g \neq 0$, womit man meint, daß nicht alle Koeffizienten von g verschwinden, so hat man die

rationale Funktion: $\quad \dfrac{f}{g}, \qquad f, g \in \mathbb{R}[x], \qquad g \neq 0.$

Diese definiert auf der Menge $D = \{x \mid g(x) \neq 0\}$ eine stetige Funktion. Es ist nicht schwer zu sehen, daß ein Polynom vom Grad n nur höchstens n Nullstellen haben kann.

Stetigkeit ist eine **lokale Eigenschaft** von Funktionen, d.h. man braucht f nur in einer beliebig kleinen Umgebung von p zu kennen, um zu entscheiden, ob f am Punkt p stetig ist.

(3.3) Satz. *Eine Zusammensetzung stetiger Funktionen ist stetig.*

Beweis: Seien $C, D \subset \mathbb{R}$ und seien Funktionen

$$C \xrightarrow{f} D \xrightarrow{g} \mathbb{R}, \quad g \circ f\,(x) := g\big(f(x)\big), \qquad f(p) = q,$$

gegeben. Die Behauptung meint: Ist f stetig bei p und g stetig bei $q = f(p)$, so ist $g \circ f$ stetig bei p. Nun, angenommen $(x_n) \to p$, dann folgt $\big(f(x_n)\big) \to f(p) = q$, weil f stetig ist, und dann $\big(gf(x_n)\big) \to g(q)$, weil g stetig ist. Zusammen $(x_n) \to p \Longrightarrow \big(g \circ f\,(x_n)\big) \to g \circ f(p)$. $\qquad\square$

Eng verwandt mit dem Begriff der Stetigkeit ist der allgemeine Konvergenzbegriff für Funktionen statt Folgen:

Definition. *Sei* $f : D \to \mathbb{R}$ *eine Funktion,* $p \in \bar{\mathbb{R}}$, *und es gebe mindestens eine Folge* (x_n) *in* D, *die gegen* p *konvergiert. Dann sei*

$$\lim_{x \to p} f(x) = a,$$

falls für jede Folge (x_n) in D, die gegen p konvergiert, $(f(x_n))$ gegen a geht.

Ist $p \in D$, so bedeutet dies: $f(p) = a$, und f ist stetig am Punkt p. Jedoch bleibt die Definition sinnvoll für $p = \pm\infty$, und man kann erklären: Ist D nach oben unbeschränkt, so heißt $f : D \to \mathbb{R}$ **stetig bei ∞**, wenn $\lim_{x \to \infty} f(x)$ existiert. Schränkt man f auf die $x < p$ bzw. die $x > p$ aus D ein, so schreibt man auch $\lim_{x \nearrow p} f(x)$ bzw. $\lim_{x \searrow p} f(x)$.

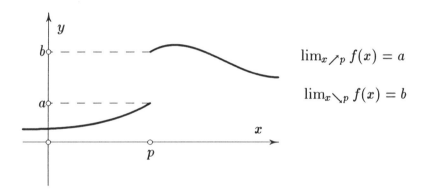

Natürlich kann man diese Konvergenzbegriffe auch durch ε-δ-Sprüche erklären — wie?

Wir lassen als Intervallgrenzen im allgemeinen auch $\pm\infty$ zu, also z.B. $[a, \infty)$ ist die Menge der reellen Zahlen $\geq a$. Zur Unterscheidung nennen wir ein abgeschlossenes Intervall $[a, b]$ mit endlichen a, b **kompakt**, also kompakt heißt beschränkt und abgeschlossen. Der Satz von Bolzano-Weierstraß lehrt, daß eine Folge in einem kompakten Intervall eine konvergente Teilfolge hat, und weil aus $a \leq x_n \leq b$ für alle n die entsprechende Ungleichung für den Grenzwert folgt, liegt der Grenzwert der Folge wieder in dem kompakten Intervall.

Wir wollen jetzt unsere Aufmerksamkeit auf stetige Funktionen richten, die auf kompakten Intervallen $[a, b]$ definiert sind, und die naheliegenden Folgerungen und Umformulierungen für den Konvergenzbegriff nicht weiter ausbreiten.

(3.4) Satz. *Sei K ein kompaktes Intervall und $f : K \to \mathbb{R}$ stetig. Dann ist f beschränkt und nimmt auf K ein Maximum und ein Minimum an.*

Beweis: Angenommen, f wäre nach oben unbeschränkt. Dann wähle eine Folge von Punkten $x_n \in K$ mit $f(x_n) > n$. Nach Bolzano-Weierstraß konvergiert eine Teilfolge, also oBdA die Folge (x_n) selbst, gegen ein $p \in K$. Dann aber konvergiert $(f(x_n))$ gegen $f(p)$, weil f stetig ist, und das widerspricht $f(x_n) > n$. Folglich ist f beschränkt. Sei

$$a := \sup\{f(x) \mid x \in K\}.$$

Angenommen $f(x) \neq a$ für alle $x \in K$. Dann ist $a - f(x) \neq 0$, also $\left(a - f(x)\right)^{-1}$ stetig auf K und nicht beschränkt, weil ja die Werte $f(x)$ ihrem Supremum a beliebig nahe kommen. Das widerspricht der ersten Aussage. Die Beschränktheit nach unten und die Aussage über das Minimum folgen analog. $\square$

Die Funktion $x \mapsto 1/x$ ist auf dem Intervall $(0, 1]$ unbeschränkt; die Kompaktheit ist wesentlich. Wir werden bald lernen, daß es sich hier um eine topologische Eigenschaft handelt (VI, 7.10).

(3.5) Zwischenwertsatz. *Eine stetige Funktion $f : [a, b] \to \mathbb{R}$ nimmt jeden Wert zwischen $f(a)$ und $f(b)$ an.*

§ 3. STETIGE FUNKTIONEN 59

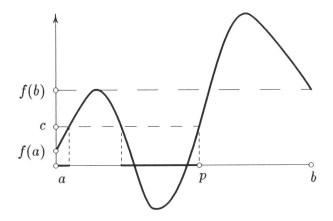

Beweis: Sei etwa $f(a) < c < f(b)$, und wir wollen zeigen, daß f den Wert c annimmt. Sei $p \in [a,b]$ die obere Grenze der $x \in [a,b]$ mit $f(x) \leq c$, dann behaupten wir: $f(p) = c$. In der Tat, wäre $f(p) < c - \varepsilon$ für ein $\varepsilon > 0$, so wähle dazu δ nach der Stetigkeitsdefinition, dann ist $|f(p+x) - f(p)| < \varepsilon$ für $|x| < \delta$, also $f(p+x) < c$ für $|x| < \delta$, im Widerspruch zur Definition von p. Ganz analog, wenn $f(p) > c + \varepsilon$, so wäre $f(p-x) > c$ für $|x| < \delta$, was auch der Definition von p widerspricht. Weil also $c - \varepsilon \leq f(p) \leq c + \varepsilon$ für alle $\varepsilon > 0$, folgt $f(p) = c$. □

Dies ist ein sehr wichtiger und tausendfach benutzter Satz. Er sagt eigentlich, daß die reelle Gerade und daher ein Intervall keine Löcher hat und nirgends auseinanderfällt. Er ist auch sehr anschaulich, aber beachte, daß die Behauptung gleich falsch wird, wenn man nur einen Punkt aus dem Intervall wegläßt — ein Unterschied, der physikalisch gar nicht faßbar ist. So einfach kann man eben die mathematische Einsicht nicht physikalisch deuten.

Eine leichte Folgerung aus dem Satz kennen wir schon: Jede positive reelle Zahl a hat eine positive k-te Wurzel. Das Polynom $f(x) = x^k - a$ hat nämlich den Wert $f(0) = -a < 0$ und $f(a+1) = (a+1)^k - a \geq 1 + (k-1)a > 0$, also muß es zwischen 0 und $a+1$ eine Nullstelle haben. Man kann damit übrigens die nicht negativen reellen Zahlen rein algebraisch charakterisieren: Es sind genau die Quadrate. Eine ähnlich wichtige algebraische Folgerung besagt:

(3.6) Satz. *Jedes reelle Polynom ungeraden Grades hat eine reelle Nullstelle. (Eine Nullstelle eines Polynoms nennt man auch eine* **Wurzel***).*

Beweis: Wir dividieren das Polynom durch den Leitkoeffizienten, dann haben wir ein Polynom der Gestalt

$$f(x) = x^n + a_{n-1}x^{n-1} + \cdots + a_0 = x^n(1 + a_{n-1}x^{-1} + \cdots + a_0 x^{-n})$$

für $x \neq 0$. Für $|x| \to \infty$ konvergiert der Faktor $(1 + \cdots)$ gegen 1, und x^n hat das Vorzeichen von x, weil n ungerade ist. Also ist $f(x) > 0$ für genügend große x, und $f(x) < 0$ für genügend kleine. Dazwischen muß es einmal verschwinden. $\qquad\qquad\square$

Das Polynom $x^2 + 1$ hat, wie wir wissen, keine reelle Nullstelle.

(3.7) Satz. *Das Bild eines Intervalls unter einer stetigen reellen Funktion ist wieder ein Intervall. Dabei lassen wir auch $\pm\infty$ als Intervallgrenzen zu.*

Beweis: Sei $f : D \to \mathbb{R}$ die betrachtete Abbildung eines Intervalls und

$$a = \inf\big(f(D)\big), \quad b = \sup\big(f(D)\big).$$

Weil es Funktionswerte beliebig nahe an a und b gibt und auch alles dazwischen getroffen wird, liegt jedenfalls das ganze offene Intervall (a, b) im Bild von f, und nach Definition von a und b kein kleinerer Punkt als a, kein größerer als b. Es kommen also allenfalls a oder b selbst hinzu, und in jedem Fall ist $f(D)$ ein Intervall mit Grenzen a und b. $\qquad\qquad\square$

(3.8) Satz. *Eine stetige reelle Funktion auf einem Intervall ist genau dann injektiv, wenn sie streng monoton ist.*

Mit **streng monoton wachsend** ist hier natürlich gemeint $x < y \implies f(x) < f(y)$, und entsprechend für fallende Funktionen. Man kann den Satz durch allerlei Fallunterscheidungen zeigen, aber wir gehen den Weg übers Zweidimensionale.

Beweis: Offenbar ist eine streng monotone Funktion injektiv. Sei also $f : D \to \mathbb{R}$ injektiv auf dem Intervall D. Wir müssen zeigen, daß f streng monoton ist. Betrachte das Dreieck

$$A := \{(x, y) \in D \times D \mid x < y\}.$$

Die Voraussetzung sagt, daß die Funktion

$$\varphi : A \to \mathbb{R}, \quad (x, y) \mapsto f(x) - f(y)$$

keine Nullstelle hat, und die Behauptung sagt, daß entweder gilt: $\varphi(p) > 0$ für alle $p = (x, y) \in A$, oder: $\varphi(p) < 0$ für alle p.

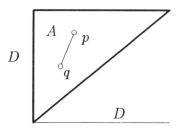

Nun, *angenommen $\varphi(p) > 0$, $\varphi(q) < 0$ für zwei Punkte $p, q \in A$.* Dann verbinden wir sie durch die Strecke $(1-t)p + tq$, $0 \leq t \leq 1$. Wir erhalten die Funktion

$$[0, 1] \to \mathbb{R}, \quad t \mapsto \varphi((1-t)p + tq).$$

Sie ist stetig und hat für $t = 0$ den Wert $\varphi(p) > 0$, für $t = 1$ den Wert $\varphi(q) < 0$, also an einem Zwischenpunkt τ hat man den Wert $\varphi((1-\tau)p + \tau q) = 0$, im Widerspruch zur Voraussetzung. □

Wir kommen zum Ziel dieser Überlegungen.

(3.9) Satz über die Umkehrfunktion. *Sei D ein Intervall und $f : D \to \mathbb{R}$ stetig und injektiv. Dann ist $f(D) =: C$ ein Intervall, die Funktion f ist streng monoton, und f besitzt eine stetige und streng monotone Umkehrabbildung.*

Beweis: Nur die Stetigkeit von f^{-1} ist noch zu zeigen. Sei etwa D offen — die anderen Fälle muß man für die Randpunkte analog behandeln — dann ist C auch offen, weil f streng monoton ist. Sei $f(p) = q$. Daß f stetig bei p ist heißt: Ist U ein offenes Intervall um q, so enthält $f^{-1}U$ ein offenes Intervall um p. Daß also f^{-1} bei q stetig ist heißt nach dem selben Muster: Ist V ein offenes Intervall um p, so enthält $(f^{-1})^{-1}V$ ein offenes Intervall um q. Aber $(f^{-1})^{-1}V = f(V)$ ist ja ein offenes Intervall um q, weil f stetig und streng monoton ist. □

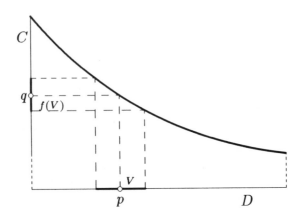

§ 3. Stetige Funktionen

Anwendung: Ist n ungerade, oder beschränken wir uns auf $x \geq 0$, so ist die Funktion $x \mapsto x^n$ stetig und streng monoton. Die Umkehrfunktion
$$x \mapsto x^{\frac{1}{n}}$$
ist also ebenfalls stetig und streng monoton. Auch die Betragsfunktion $x \mapsto |x|$ ist stetig, denn sie ist die Zusammensetzung
$$x \mapsto x^2 \mapsto \sqrt{x^2}.$$
Sind f und g stetig, so auch die Funktion $\max(f, g)$, die durch $x \mapsto \max\{f(x), g(x)\}$ definiert ist, denn
$$\max(f, g) = \tfrac{1}{2}(f + g) + \tfrac{1}{2}|f - g|.$$
Entsprechend fürs Minimum.

Schließlich müssen wir einen etwas delikaten aber wichtigen technischen Punkt berühren, und dafür wollen wir die Stetigkeitsdefinition noch einmal sorgfältig betrachten. Eine Funktion $f : D \to \mathbb{R}$ ist danach stetig auf ganz D, wenn gilt:

Zu jedem $\varepsilon > 0$ und jedem $p \in D$ gibt es ein $\delta > 0$, sodaß $|x - p| < \delta \implies |f(x) - f(p)| < \varepsilon$.

Das δ hängt also nicht nur von ε, sondern auch vom Punkt p ab. Zum Beispiel bei der Funktion $y = x^{-1}$ auf $\mathbb{R}_+$ muß man δ um so kleiner wählen, je näher p an 0 liegt.

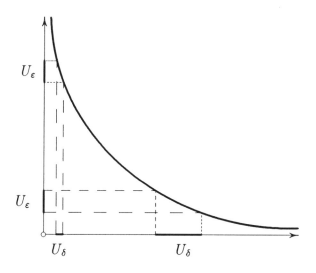

Die Funktion f heißt gleichmäßig stetig, wenn man δ unabhängig von p wählen kann.

Definition. *Eine Funktion* $f : D \to \mathbb{R}$ *heißt* **gleichmäßig stetig**, *falls gilt: Zu jedem* $\varepsilon > 0$ *gibt es ein* $\delta > 0$, *sodaß für alle* $x, p \in D$ *gilt:*

$$|x - p| < \delta \Longrightarrow |f(x) - f(p)| < \varepsilon.$$

Hier ist also $\delta = \delta(\varepsilon)$, während bei bloßer Stetigkeit $\delta = \delta(\varepsilon, p)$ ist. Hier gehen auch x und p gleichberechtigt und symmetrisch in die Definition ein, was bei der Stetigkeitsdefinition nicht der Fall ist.

(3.10) Satz. *Eine stetige Funktion auf einem kompakten Intervall ist dort gleichmäßig stetig.*

Beweis: Sei $f : D \to \mathbb{R}$ die Funktion, $\varepsilon > 0$, und wir nehmen an, daß dazu kein δ existiert, wie es in der Definition gefordert ist. Dann ist auch $\delta = \frac{1}{n}$ für kein n geeignet. Es gibt also ein x_n und p_n in D mit

$$|x_n - p_n| < \tfrac{1}{n} \quad \text{und} \quad |f(x_n) - f(p_n)| \geq \varepsilon.$$

Nach Bolzano-Weierstraß, mit einem Übergang zu Teilfolgen, dürfen wir annehmen, daß (x_n) gegen ein $q \in D$ konvergiert, und wegen $|x_n - p_n| < \frac{1}{n}$ konvergiert dann (p_n) gegen dasselbe q. Weil f stetig ist, konvergieren $\big(f(x_n)\big)$ und $\big(f(p_n)\big)$ beide gegen $f(q)$, und daher $\big(f(x_n) - f(p_n)\big) \to 0$. Das widerspricht der Ungleichung $|f(x_n) - f(p_n)| \geq \varepsilon$. $\qquad\square$

Hier wird sich der Student von der Anschauung verlassen und unangenehm auf das Formale der Definition verwiesen fühlen. Er mag sich damit trösten, daß auch Cauchy an dieser Stelle gestolpert ist.

§ 4. Folgen und Reihen von Funktionen

Eine Folge von Funktionen auf D ordnet jeder ganzen Zahl $n \geq k$ eine Funktion $f_n : D \to \mathbb{R}$ zu. Wir bezeichnen sie wieder durch $(f_n \mid n \geq k)$ oder $(f_n)_{n \geq k}$ oder einfach durch (f_n), und manchmal lassen wir auch noch die Klammern weg.

Definition. *Die Folge von Funktionen* (f_n) **konvergiert punktweise** *gegen* $f : D \to \mathbb{R}$, *wenn für jedes* $x \in D$ *die reelle Folge* $(f_n(x))$ *gegen* $f(x)$ *konvergiert.*

Das heißt also: Zu jedem $\varepsilon > 0$ und $x \in D$ existiert eine natürliche Zahl N, sodaß für $n > N$ gilt:

$$|f_n(x) - f(x)| < \varepsilon.$$

Das ist eine naheliegende Definition, aber sie sagt nicht, wie man auf den ersten Blick glauben könnte, daß f_n schließlich nahe an f liegt, also f gut approximiert. Für Funktionenfolgen sind mehrere wesentlich verschiedene Begriffe der Konvergenz sinnvoll. Wir werden darauf in Kapitel VI systematischer eingehen und außer den hier erklärten Kovergenzbegriffen noch andere kennenlernen, die durch Integrale erklärt sind.

Die formale Umschreibung mit ε und N weist darauf hin, wo die Schwierigkeit liegt: das N hängt nicht nur von ε, sondern auch vom Punkt x ab. Für jedes auch noch so große n kann es immer noch viele Punkte x geben, wo $f_n(x)$ sich weit von $f(x)$ entfernt, auch wenn der Definitionsbereich ein kompaktes Intervall ist und alle beteiligten Funktionen stetig sind.

Folgendes Beispiel wird uns auch in der Integrationstheorie wieder vor allzu voreiligen Schlüssen warnen:

(4.1) Beispiel.

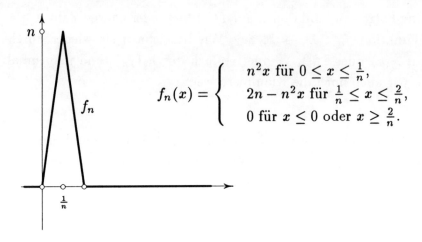

$$f_n(x) = \begin{cases} n^2 x & \text{für } 0 \leq x \leq \frac{1}{n}, \\ 2n - n^2 x & \text{für } \frac{1}{n} \leq x \leq \frac{2}{n}, \\ 0 & \text{für } x \leq 0 \text{ oder } x \geq \frac{2}{n}. \end{cases}$$

Die letzte Bedingung für f_n bewirkt $f_n(x) = 0$ für $n \geq \frac{2}{x}$ oder $x \leq 0$, also für jedes gegebene x verschwindet $f_n(x)$ schließlich. Daher konvergiert $(f_n) \to 0$ punktweise. Trotzdem ist f_n für kein n eine gute Approximation der Nullfunktion.

Man sieht, daß punktweise Konvergenz oft zu wenig ist. Wenn alle f_n stetig sind und (f_n) punktweise gegen f geht, braucht der Limes f auch nicht stetig zu sein. Stetigkeit ist ja selbst durch eine Grenzwertbildung definiert, und wenn man es so betrachtet, geht es hier um die Frage, ob man zwei Grenzwertbildungen miteinander vertauschen darf — man darf im allgemeinen nicht!

Beispiel.
$$f_n(x) = \frac{nx}{1 + |nx|} \to \begin{cases} 1 & \text{für } x > 0, \\ 0 & \text{für } x = 0, \\ -1 & \text{für } x < 0. \end{cases}$$

Beweis: Für $x \neq 0$ gilt $f_n(x) = \dfrac{1}{\frac{1}{nx} + \frac{|x|}{x}} \to \dfrac{x}{|x|} = \operatorname{sign}(x)$. □

§ 4. Folgen und Reihen von Funktionen

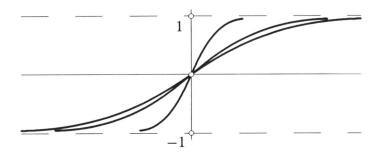

Das pathologische Verhalten liegt daran, daß die Funktionenfolge nicht gleichmäßig konvergiert.

Definition *(gleichmäßige Konvergenz)*: *Die Folge von Funktionen (f_n) auf D konvergiert* **gleichmäßig** *gegen $f : D \to \mathbb{R}$, wenn gilt: Zu jedem $\varepsilon > 0$ gibt es ein $N \in \mathbb{N}$, sodaß für alle $n > N$ und alle $x \in D$ zugleich*
$$|f_n(x) - f(x)| < \varepsilon.$$

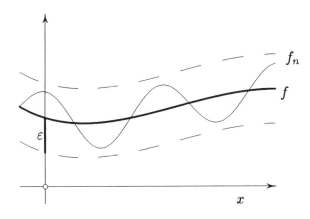

Wir schreiben kurz

$$f \leq g \quad :\Longleftrightarrow \quad f(x) \leq g(x) \quad \text{für alle } x \in D,$$

und entsprechend für $f < g$. Dann besagt die Definition: Für große n ist
$$|f_n - f| < \varepsilon.$$

Hier fassen wir $|f_n - f|$ als Funktion $x \mapsto |f_n(x) - f(x)|$ auf. Man kann dieselbe Tatsache auch als Ungleichung zwischen reellen Zahlen fassen. Man erklärt nämlich für Funktionen $f : D \to \mathbb{R}$ mit nicht leerem Definitionsgebiet die

Supremumsnorm $\|f\|_D := \sup\{|f(x)| \mid x \in D\}$.

Damit ist $\|f\|_D = \min\{a \mid |f| \leq a\}$ nach Definition der oberen Grenze. Wenn kein Zweifel über das Definitionsgebiet besteht, schreiben wir kurz $\|f\|$. Im allgemeinen ist $\|f\| \in [0, \infty]$, und $\|f\| \in \mathbb{R}$ genau wenn f beschränkt ist. Die Supremumsnorm hat die

(4.2) Normeigenschaften.

(i) $\|f\| \geq 0$ *und* $\|f\| = 0$ *genau wenn* $f = 0$.

(ii) **Positive Homogenität:**

$$\|\lambda f\| = |\lambda| \cdot \|f\| \quad \text{für konstante } \lambda \in \mathbb{R}.$$

(iii) **Dreiecksungleichung:** $\|f + g\| \leq \|f\| + \|g\|$.

Beweis: Nur die Dreiecksungleichung ist nicht ganz selbstverständlich, aber

$$\|f + g\| = \big\||f + g|\big\| \leq \big\||f| + |g|\big\| \leq \|f\| + \|g\|,$$

letztere Ungleichung weil $|f| \leq \|f\|$, $|g| \leq \|g\|$. $\square$

Wenn man nun den reellen Vektorraum aller Funktionen $D \to \mathbb{R}$ mit dieser Norm versieht, so bedeutet gleichmäßige Konvergenz das Natürliche, nämlich (f_n) konvergiert gleichmäßig gegen f, wenn für jedes $\varepsilon > 0$ schließlich $\|f_n - f\| < \varepsilon$ ist. Daher kann es nicht verwundern, daß sich gewohnte Konvergenzsätze auf gleichmäßige Konvergenz von Funktionenfolgen übertragen.

§ 4. FOLGEN UND REIHEN VON FUNKTIONEN   69

(4.3) Cauchy-Kriterium. *Genau dann ist die Folge von Funktionen* (f_n) *auf* D *gleichmäßig konvergent, wenn zu jedem* $\varepsilon > 0$ *ein* $m \in \mathbb{N}$ *existiert, sodaß für alle* $k \in \mathbb{N}$

$$\|f_{m+k} - f_m\| < \varepsilon.$$

Beweis: Ist (f_n) gleichmäßig konvergent gegen f, so gilt, wenn m genügend groß ist, $\|f_{m+k} - f\| < \frac{\varepsilon}{2}$ für alle $k \in \mathbb{N}_0$, also

$$\|f_m - f\| < \frac{\varepsilon}{2}, \quad \|f - f_{m+k}\| < \frac{\varepsilon}{2}, \quad \text{also} \quad \|f_m - f_{m+k}\| < \varepsilon.$$

Umgekehrt sei die Cauchy-Bedingung für (f_n) erfüllt. Dann ist insbesondere $\big(f_n(x)\big)$ für jedes $x \in D$ eine Cauchy-Folge reeller Zahlen, bestimmt also eindeutig $f(x) := \lim_{n \to \infty} f_n(x)$. Ist nun $\varepsilon > 0$ gegeben und m genügend groß, so ist $\|f_m - f_{m+k}\| < \frac{\varepsilon}{2}$ für alle k. Aber für jede Stelle $x \in D$ kann man ein $k = k(x)$ so groß wählen, daß $|f_{m+k}(x) - f(x)| < \frac{\varepsilon}{2}$. Folglich ist $|f_m(x) - f(x)| < \varepsilon$ für alle x, also $\|f_m - f\| \leq \varepsilon$.   □

Wie bei Zahlenfolgen überträgt sich alles Gesagte auf Reihen von Funktionen. Wir sprechen also von punktweiser und gleichmäßiger Konvergenz einer Reihe $\sum_k f_k$ von Funktionen, und von absoluter Konvergenz wenn die Reihe $\sum_k |f_k|$ konvergiert. Konvergiert letztere Reihe gleichmäßig, so nennen wir die Reihe $\sum_k f_k$ gleichmäßig absolut konvergent. Aber die Sumpremumsnorm führt zu einem neuen und für uns bald sehr wichtigen Begriff: Eine Reihe $\sum_{k=0}^{\infty} f_k$ heißt **normal konvergent**, wenn die Reihe

$$\sum_{k=0}^{\infty} \|f_k\|$$

der Supremumsnormen konvergiert.

(4.4) Konvergenzsatz von Weierstraß. *Eine normal konvergente Reihe* $\sum_{k=0}^{\infty} f_k$ *von Funktionen* $f_k : D \to \mathbb{R}$ *konvergiert gleichmäßig absolut gegen eine Funktion* $f : D \to \mathbb{R}$.

Beweis: Dies folgt unmittelbar aus dem Cauchy-Kriterium und der Dreiecksungleichung

$$\left\| \sum_{k=m}^{m+\ell} |f_k| \right\| \le \sum_{k=m}^{m+\ell} \|f_k\|.$$

Normale Konvergenz bedeutet, daß die rechte Seite für große m kleiner ε wird, gleichmäßig absolute Konvergenz bedeutet dasselbe für die linke Seite. $\square$

Die wichtigste Bemerkung jedoch, für die der ganze Begriffsapparat aufgefahren ist, besagt:

(4.5) Satz. *Ein gleichmäßiger Limes stetiger Funktionen ist stetig.*

Beweis: Sei (f_n) auf D gleichmäßig konvergent gegen f, die f_n seien stetig, sei ein Punkt $p \in D$ betrachtet und $\varepsilon > 0$ gegeben. Dann wähle $n \in \mathbb{N}$ so groß, daß $|f_n - f| < \frac{\varepsilon}{3}$ und zu diesem n und p wähle $\delta > 0$ so, daß $|f_n(p) - f_n(x)| < \frac{\varepsilon}{3}$ für $|x - p| < \delta$. Das geht, weil f_n stetig ist. Für $|x - p| < \delta$ ist dann

$$|f(x) - f(p)| \le |f(x) - f_n(x)| + |f_n(x) - f_n(p)| + |f_n(p) - f(p)|$$
$$< \tfrac{\varepsilon}{3} + \tfrac{\varepsilon}{3} + \tfrac{\varepsilon}{3} = \varepsilon. \qquad \square$$

Für ein mit Pomp angekündigtes Hauptergebnis kann es enttäuschend scheinen, daß der Beweis auf einen $\varepsilon/3$-Schluß von einer Zeile hinausläuft. Darin liegt auch nicht der Witz: das Wichtigste ist eben der richtige Begriff, der den Satz richtig macht: *gleichmäßig konvergent.*

Einen reellen Vektorraum mit einer reellwertigen Norm mit den Eigenschaften (4.2), in dem jede Cauchy-Folge konvergiert, nennt man einen **Banachraum**. Die beschränkten stetigen Funktionen auf einer Menge $D \ne \emptyset$ mit der Supremumsnorm bilden einen Banachraum.

§ 5. Treppenfunktionen

Stetige Funktionen verdienen wohl, daß man sie um ihrer selbst willen mit Liebe betrachtet. Aber in diesem Abschnitt müssen wir kurz unsere Aufmerksamkeit einer Funktionenklasse zuwenden, die für sich weniger anziehend ist, aber nützliche technische Hilfe in der Integrationstheorie leistet, von der dann im nächsten Kapitel gleich die Rede sein wird.

Eine **Zerlegung** Z eines kompakten Intervalls $[a,b]$ ist ein $(n+1)$-Tupel $(z_0,\ldots,z_n)$ von Zahlen, sodaß

$$a = z_0 \leq z_1 \leq \cdots \leq z_n = b.$$

Eine Zerlegung Z_1 ist **feiner** als Z oder eine **Verfeinerung** von Z, wenn Z_1 aus Z durch Hinzunahme weiterer Punkte entsteht. Durch Vereinigung erhält man zu zwei Zerlegungen Z, Z_1 eine gemeinsame Verfeinerung $Z \cup Z_1$. Eine Funktion $\varphi : [a,b] \to \mathbb{R}$ heißt eine **Treppenfunktion**, wenn es eine Zerlegung Z von $[a,b]$ wie oben und dazu Konstanten $c_1, \ldots, c_n$ in $\mathbb{R}$ gibt, mit

$$\varphi(t) = c_k \quad \text{für} \quad z_{k-1} < t < z_k.$$

Die Werte auf den Zerlegungspunkten z_k selbst sind gleichgültig.

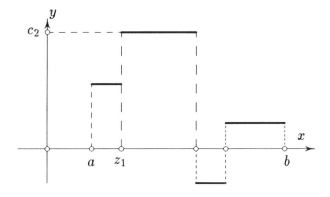

Die sämtlichen Treppenfunktionen auf $[a, b]$ bilden offenbar einen reellen Vektorraum. Zwei Treppenfunktionen φ, ψ auf $[a, b]$ lassen sich (gemeinsame Verfeinerung) durch dieselbe Zerlegung definieren, sodaß also φ und ψ beide auf den Intervallen $z_k < t < z_{k+1}$ konstant sind, und dann ist auch $\lambda \varphi + \mu \psi$ dort konstant, also eine Treppenfunktion.

(5.1) Satz. *Eine stetige Funktion auf einem kompakten Intervall ist ein gleichmäßiger Limes von Treppenfunktionen.*

Beweis: Eine stetige Funktion $f : [a, b] \to \mathbb{R}$ ist gleichmäßig stetig. Zu gegebenem $\varepsilon > 0$ wähle danach $\delta > 0$ so, daß

$$|x - p| < \delta \Longrightarrow |f(x) - f(p)| < \varepsilon$$

für alle $x, p \in D$. Dann wähle eine Zerlegung $a = z_0 \leq \cdots \leq z_n = b$ mit Maschenweite $z_{k+1} - z_k < \delta$, und bestimme dazu die Treppenfunktion φ durch $\varphi(t) = f(z_k)$ für $z_k \leq t < z_{k+1}$.

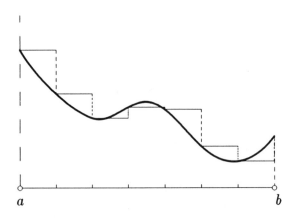

Dann ist $|f(t) - \varphi(t)| = |f(t) - f(z_k)| < \varepsilon$ für alle $z_k \leq t < z_{k+1}$, und das heißt $|f - \varphi| \leq \varepsilon$.

§ 5. TREPPENFUNKTIONEN   73

Mit einem gleichmäßigen Limes ist natürlich die Grenzfunktion
einer gleichmäßig konvergenten Folge (von Treppenfunktionen) gemeint. Eine solche Folge findet man wie immer mit dem $(\varepsilon = \frac{1}{n})$-
Trick: Man findet nach dem Gesagten Treppenfunktionen φ_n mit
$|f - \varphi_n| < 1/n$. Die Folge (φ_n) konvergiert dann gleichmäßig gegen
die Funktion f.   □

Die Zerlegung kann man hier äquidistant wählen, also $z_k =
a + k(b - a)/n$ mit einem so großen n, daß $n\delta > b - a$. Ein
gleichmäßiger Limes von Treppenfunktionen heißt **Regelfunktion**.
Stetige Funktionen sind also Regelfunktionen, aber auch z.B. monotone Funktionen, Treppenfunktionen, ...

(5.2) Bemerkung. *Zu jeder Regelfunktion f auf dem kompakten
Intervall $[a, b]$ und jedem $\varepsilon > 0$ gibt es Treppenfunktionen φ, ψ mit*

$$\varphi < f < \psi \quad und \quad \psi - \varphi = \varepsilon.$$

Beweis: Wähle eine Treppenfunktion τ mit $|f - \tau| < \frac{\varepsilon}{2}$ und setze
$\varphi = \tau - \frac{\varepsilon}{2}, \quad \psi = \tau + \frac{\varepsilon}{2}$.   □

Kapitel III
Ableitung und Integral

*Ph: Vous entendez cela, et vous
savez le latin, sans doute.*
*J: Oui; mais faites comme si je ne
le savais pas. Expliquez-moi ce
que cela veut dire.*

Le Bourgeois Gentilhomme

Wir erklären den Kalkül der Differential- und Integralrechnung, Berechnung der Steigung einer Kurve, der Geschwindigkeit einer ungleichförmigen Bewegung, und Berechnung des Flächeninhalts. Auch erklären und diskutieren wir die klassischen Funktionen, Sinus, Kosinus, Logarithmus und Exponentialfunktion.

§ 1. Das Riemann-Integral

Wir setzen uns die Aufgabe, die Größe der Fläche zu bestimmen, die durch eine Funktion $f : [a,b] \to \mathbb{R}$ über dem kompakten Intervall $[a,b]$ begrenzt wird. (In diesem Abschnitt sind alle Intervallgrenzen endlich.)

§ 1. Das Riemann-Integral

Für stetige Funktionen ist diese Aufgabe nicht schwer zu lösen. Es genügt dann natürlich auch, wenn f auf den Teilintervallen einer geeigneten Zerlegung des Intervalls stetig ist. Auch wenn f etwa nur an den Punkten $a + \frac{1}{n}$, $n \in \mathbb{N}$, springt, wüßten wir uns wohl zu helfen, solange f wenigstens beschränkt bleibt.

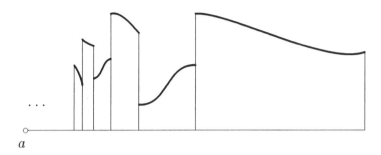

Definieren wir aber eine Funktion $f : [0,1] \to \mathbb{R}$, durch
$$f(x) = \begin{cases} 1 & \text{falls } x \in \mathbb{Q} = \text{Körper der rationalen Zahlen,} \\ 0 & \text{falls } x \notin \mathbb{Q}, \text{d.h. } x \text{ ist irrational,} \end{cases}$$
so versagt jedenfalls die Anschauung. Um nicht an eine etwas willkürliche Konstruktion gebunden zu sein, die vielleicht mit anderen möglichen Konstruktionen in undurchschaubarer Konkurrenz steht, werden wir die Klasse von Funktionen, die man integrieren kann, sowie die Eigenschaften, die das Integral — also der gesuchte Flächeninhalt — dann haben soll, zunächst axiomatisch beschreiben. Dann werden wir für eine große Klasse von Funktionen zeigen, daß die Axiome auf genau eine Weise zu erfüllen sind. Lernen wir später dann allgemeiner anwendbare Integrale kennen, so bleibt das hier Bewiesene doch immer bestehen.

Definition des Integrals

(1.1) Integrable Funktionen. *Zu jedem kompakten Intervall $[a, b]$ sei eine Menge F_a^b von Funktionen $f : [a, b] \to \mathbb{R}$ ausgezeichnet. Sie heißen auf $[a, b]$ integrabel. Es gelte:*

(i) Ist $f|(a,b)$ konstant, so ist $f \in F_a^b$.

(ii) Ist $a \le b \le c$, so ist eine Funktion $f : [a,c] \to \mathbb{R}$ genau dann in F_a^c, wenn $f \,|\, [a,b] \in F_a^b$ und $f \,|\, [b,c] \in F_b^c$.

Insbesondere sind also alle Treppenfunktionen stets integrabel.

(1.2) Das Integral. *Das Integral für die demgemäß gegebene Familie integrabler Funktionen ist eine Familie von Abbildungen*

$$\int\limits_a^b : F_a^b \to \mathbb{R}, \quad a \le b \in \mathbb{R},$$

die also jeder Funktion $f \in F_a^b$ eine reelle Zahl, ihr **Integral**

$$\int\limits_a^b f =: \int\limits_a^b f(x)\, dx \in \mathbb{R}$$

so zuordnet, daß gilt:

(i) **Intervall-Additivität:** *Ist $f \in F_a^c$ und $a \le b \le c$, so ist*

$$\int\limits_a^b f + \int\limits_b^c f = \int\limits_a^c f.$$

(ii) **Monotonie:** *Sind $f, g \in F_a^b$ und ist $f \le g$, so ist*

$$\int\limits_a^b f \le \int\limits_a^b g.$$

(iii) **Normierung:** *Ist $f = c$ konstant, so ist $\int_a^b f = c \cdot (b - a)$.*

Kurz: Ein Integral ist ein (endlich) additives, monotones, normiertes Funktional (d.h. eine Abbildung einer Menge von Funktionen nach $\mathbb{R}$). Daß der Flächeninhalt unter einer Funktion f jedenfalls diese Eigenschaften haben sollte, ist eine plausible Forderung. Das

§ 1. Das Riemann-Integral
77

"endlich" steht in Klammern, weil man auch stärkere Integralbegriffe betrachtet, wo das entsprechende Axiom auch für unendliche Zerlegungen gilt. Aber für eine große Klasse von Funktionen, zum Beispiel die stückweise stetigen oder monotonen, ist das Integral durch diese Axiome schon festgelegt. Eine weitere naheliegende Forderung, die aber für die von uns betrachteten Funktionen aus den aufgestellten Axiomen schon folgt, ist die der

Linearität: *Sind* f, g *auf* $[a, b]$ *integrabel und* $\lambda, \mu \in \mathbb{R}$, *so ist auch* $\lambda f + \mu g$ *auf* $[a, b]$ *integrabel, und es gilt:*

$$\int_a^b (\lambda f + \mu g) = \lambda \int_a^b f + \mu \int_a^b g.$$

Übrigens ist die Variable x in der Bezeichnung des Integrals unwesentlich, also $\int_a^b f(x)\, dx = \int_a^b f(t)\, dt \dots$.

Wir beginnen mit einfachen Folgerungen aus den Axiomen: Nach (1.2, i) ist $\int_a^a f = \int_a^a f + \int_a^a f$, also

(1.3)
$$\int_a^a f = 0. \qquad\qquad \square$$

(1.4) Satz. *Ist* $f : [a, b] \to \mathbb{R}$ *integrabel und* $|f| \le M$, *so ist die Funktion*

$$F : [a, b] \to \mathbb{R}, \quad x \mapsto \int_a^x f$$

stetig, sogar **Lipschitz-stetig** *mit Konstante* M, *das heißt*

$$|F(x) - F(p)| \le M \cdot |x - p|.$$

Beweis: Weil die Behauptung in x und p symmetrisch ist, dürfen wir $p \leq x$ annehmen und setzen $h = x - p$, dann ist

$$|F(x) - F(p)| = \left| \int_a^{p+h} f - \int_a^p f \right| = \left| \int_p^{p+h} f \right|,$$

wegen Additivität. Aus $-M \leq f \leq M$ folgt wegen der Monotonie

$$-Mh = \int_p^{p+h} (-M) \leq \int_p^{p+h} f \leq Mh, \quad \text{also} \quad \left| \int_p^{p+h} f \right| \leq Mh.$$

In der Stetigkeitsdefinition kann man zu $\varepsilon > 0$ setzen $\delta \leq \frac{\varepsilon}{M}$. $\qquad\square$

Man nennt a die **untere** und b die **obere Grenze** des Integrals $\int_a^b$. Das Integral beschränkter Funktionen ist also stetig als Funktion der oberen Grenze. Der entsprechende Satz gilt natürlich auch für das Integral als Funktion der unteren Grenze. So eignet sich das Integral — wenn man es einmal besitzt — zur Konstruktion neuer bedeutsamer Funktionen, zum Beispiel

$$\log(x) := \int_1^x t^{-1} \, dt,$$

$$\arctan(x) := \int_0^x \frac{1}{1 + t^2} \, dt.$$

Der Satz erlaubt eine kleine Verschärfung des Normierungsaxioms.

(1.5) Normierung. *Ist* $f|(a, b) = c$ *konstant, so ist* $\int_a^b f = c \cdot (b - a)$.

Also auf die Werte an den Endpunkten kommt es nicht an.

Beweis: Es ist f beschränkt, und für $a < b$ und $\varepsilon < \frac{b-a}{2}$ ist

$$\int_a^b f = \int_a^{a+\varepsilon} f + \int_{a+\varepsilon}^{b-\varepsilon} c + \int_{b-\varepsilon}^b f.$$

§ 1. DAS RIEMANN-INTEGRAL   79

Der mittlere Summand ist $(b - a - 2\varepsilon) \cdot c$. Grenzübergang $\varepsilon \to 0$ liefert nach (1.4) $\int_a^b f = 0 + (b - a) \cdot c + 0$.   □

Jetzt sehen wir sofort, wie man Treppenfunktionen, die ja nach unseren Forderungen jedenfalls integrabel sind, zu integrieren hat.

(1.6) Satz. *Für Treppenfunktionen sind die Integralaxiome auf genau eine Weise zu erfüllen, nämlich: Ist* $a = z_0 \leq z_1 \leq \cdots \leq z_n = b$ *eine Zerlegung, und* $f(x) = c_k$ *für* $z_{k-1} < x < z_k$, *so ist*

(i) $\int\limits_a^b f = \sum\limits_{k=1}^n c_k(z_k - z_{k-1})$.

Dieses Integral ist auch linear: Für $\lambda, \mu \in \mathbb{R}$ *ist*

(ii) $\int\limits_a^b (\lambda f + \mu g) = \lambda \int\limits_a^b f + \mu \int\limits_a^b g$.

Beweis: Die Formel (i) folgt unmittelbar aus der Additivität und verbesserten Normierung (1.5) des Integrals. Aus dieser Formel folgt dann (ii) unmittelbar. Um zu zeigen, daß die Formel (i) umgekehrt ein Integral definiert, das alle unsere Forderungen erfüllt, muß man nur klarmachen, daß die rechte Seite von (i) unabhängig von der Zerlegung ist, mit der f beschrieben ist. Weil zwei Zerlegungen stets eine gemeinsame Verfeinerung haben, muß man sich nur davon überzeugen, daß die Formel keinen anderen Wert liefert, wenn man einen neuen Zerlegungspunkt $z_k < z < z_{k+1}$ einfügt. Nun freilich, dann wird nur der Summand

$$c_{k+1}(z_{k+1} - z_k) \quad \text{durch} \quad c_{k+1}(z - z_k) + c_{k+1}(z_{k+1} - z)$$

ersetzt. Zum Beweis der Additivität darf man dann annehmen, daß der mittlere Punkt b ein Zerlegungspunkt ist; alle anderen Axiome folgen direkt aus (i).   □

Treppenfunktionen können wir jetzt integrieren, aber das ist noch nichts rechtes, wir denken nicht wie ein Computer. Sei nun wieder ein $f \in F_a^b$ gegeben und die F_a^b dabei wie immer so erklärt, daß die Axiome erfüllt sind. Sind dann φ, ψ Treppenfunktionen, so wissen wir:

$$\varphi \le f \le \psi \implies \int_a^b \varphi \le \int_a^b f \le \int_a^b \psi.$$

Daher erklären wir für beliebige beschränkte Funktionen f auf Intervallen $[a, b]$ das

Oberintegral: $\int_a^{*b} f := \inf\{\int_a^b \psi \mid f \le \psi \text{ und } \psi \in T_a^b\}$,

Unterintegral: $\int_{*a}^b f := \sup\{\int_a^b \varphi \mid \varphi \le f \text{ und } \varphi \in T_a^b\}$.

Dabei ist T_a^b der reelle Vektorraum der Treppenfunktionen auf $[a, b]$. Eigentlich sollte es "Riemann-Oberintegral" ... heißen, aber weil in diesem Band kein anderes Integral auftritt, lassen wir es so. Nach dem Gesagten gilt nun ersichtlich:

(1.7) Satz. *Ist eine beschränkte Funktion* $f : [a, b] \to \mathbb{R}$ *integrabel, so ist*

$$\int_* f \le \int f \le \int^* f. \qquad \square$$

Allgemein ist für eine beschränkte Funktion f jedenfalls

$$\int_* f \le \int^* f,$$

denn sind $\varphi \le f \le \psi$ Treppenfunktionen, so ist $\int \varphi \le \int \psi$. Da das für alle Treppenfunktionen $\varphi \le f$ gilt, folgt $\int_* f \le \int \psi$, und da das für alle Treppenfunktionen $\psi \ge f$ gilt, folgt $\int_* f \le \int^* f$.

Definition. *Eine beschränkte Funktion* $f : [a, b] \to \mathbb{R}$ *auf einem kompakten Intervall heißt* **Riemann-integrabel**, *falls*

$$\int_{*a}^b f = \int_a^{*b} f.$$

§ 1. Das Riemann-Integral   81

Die Definition verlangt mit anderen Worten: Zu jedem $\varepsilon > 0$
gibt es Treppenfunktionen $\varphi \le f \le \psi$ mit $\int_a^b \psi - \int_a^b \varphi < \varepsilon$, oder
noch anders gesagt: Es gibt Treppenfunktionen $\varphi_n \le f \le \psi_n$ mit
$\lim_{n \to \infty} \int_a^b (\psi_n - \varphi_n) = 0$. Die Definition ist nach dem Satz (1.7)
gemodelt und führt unsere Bemühung um die Konstruktion eines
Integrals zum (vorläufigen) Ziel:

(1.8) Satz. *Sei F_a^b die Menge der Riemann-integrablen Funktionen
auf $[a, b]$. Dann erfüllen die F_a^b die Axiome für integrable Funktionen,
und ein Integral läßt sich für diese Funktionenfamilie auf genau eine
Weise erklären, nämlich durch*

$$\int\limits_a^b f := \int\limits_a^{b*} f = \int\limits_{a*}^b f.$$

Dieses Integral ist auch linear.

Wir werden künftig nur lineare Integrale betrachten und statt
"Riemann-integrabel" einfach **integrabel** sagen. Die Eindeutigkeit
des Integrals ergibt sich aus (1.7). Daß die Axiome so tatsächlich
erfüllt sind, werden wir gleich sehen. Zunächst bemerken wir, daß
etwas gewonnen ist:

(1.9) Satz. *Stetige Funktionen und monotone Funktionen sind integrabel.*

Beweis: Ist $f : [a, b] \to \mathbb{R}$ stetig und $\varepsilon > 0$ gegeben, so wähle
Treppenfunktionen φ, ψ mit

$$\varphi \le f \le \psi, \quad \psi - \varphi < \varepsilon/(b - a),$$

siehe (II, 5.2). Dann ist $\int_a^b (\psi - \varphi) \le \int_a^b \varepsilon/(b - a) = \varepsilon$.

Ist f etwa monoton wachsend und nicht konstant, so wähle eine
Zerlegung $a = z_0 \le \cdots \le z_n = b$ mit $z_{k+1} - z_k < \varepsilon/\big(f(b) - f(a)\big)$.

Dann bestimme φ und ψ durch $\varphi(x) = f(z_k)$, $\psi(x) = f(z_{k+1})$ für $z_k \leq x < z_{k+1}$. Damit ist $\varphi \leq f \leq \psi$, und wir haben:

$$\int_a^b (\psi - \varphi) = \sum_k f(z_{k+1})(z_{k+1} - z_k) - \sum_k f(z_k)(z_{k+1} - z_k)$$

$$= \sum_k (f(z_{k+1}) - f(z_k))(z_{k+1} - z_k)$$

$$< \frac{\varepsilon}{f(b) - f(a)} \cdot \sum_k f(z_{k+1}) - f(z_k) = \varepsilon. \qquad \square$$

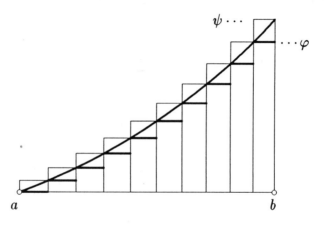

Beweis von (1.8): Offenbar sind Treppenfunktionen integrabel, daher gilt (1.1, i) und (1.2, iii), die Normierung. Wir zeigen (1.1, ii) und (1.2, i), die Additivität: Sei also $a \leq b \leq c$, sei $f : [a, c] \to \mathbb{R}$ gegeben, und es seien $f\,|\,[a, b]$ und $f\,|\,[b, c]$ integrabel. Wähle Treppenfunktionen φ_{1n}, ψ_{1n} auf $[a, b]$, sowie φ_{2n}, ψ_{2n} auf $[b, c]$, mit

$$\varphi_{1n} \leq f|[a, b] \leq \psi_{1n}, \quad \int_a^b (\psi_{1n} - \varphi_{1n}) \to 0,$$

$$\varphi_{2n} \leq f|[b, c] \leq \psi_{2n}, \quad \int_b^c (\psi_{2n} - \varphi_{2n}) \to 0,$$

§ 1. DAS RIEMANN-INTEGRAL 83

für $n \to \infty$, und $\varphi_{1n}(b) = \varphi_{2n}(b)$, $\psi_{1n}(b) = \psi_{2n}(b)$. Dann setzen sich φ_{1n} mit φ_{2n} und ψ_{1n} mit ψ_{2n} zu Treppenfunktionen φ_n und ψ_n auf $[a, c]$ zusammen, und es gilt

$$\varphi_n \leq f \leq \psi_n, \quad \int\limits_a^c (\psi_n - \varphi_n) = \int\limits_a^b (\psi_{1n} - \varphi_{1n}) + \int\limits_b^c (\psi_{2n} - \varphi_{2n}) \to 0$$

für $n \to \infty$. Folglich ist f integrabel auf $[a, c]$ und für $n \to \infty$ gilt:

$$
\begin{array}{ccccc}
\int\limits_a^c \varphi_n & = & \int\limits_a^b \varphi_{1n} & + & \int\limits_b^c \varphi_{2n} \\
\downarrow & & \downarrow & & \downarrow \qquad\qquad n \to \infty. \\
\int\limits_a^c f & & \int\limits_a^b f & & \int\limits_b^c f
\end{array}
$$

Also $\int_a^c f = \int_a^b f + \int_b^c f$. Ist umgekehrt f integrabel, so kann man $\varphi_n \leq f \leq \psi_n$, $\int_a^c (\psi_n - \varphi_n) \to 0$ wie eben vorgeben, gewinnt daraus φ_{1n}, ψ_{1n} und φ_{2n}, ψ_{2n} durch Einschränkung auf die Teilintervalle $[a, b]$ und $[b, c]$, und weil die Summanden in

$$\int\limits_a^b (\psi_{1n} - \varphi_{1n}) + \int\limits_b^c (\psi_{2n} - \varphi_{2n}) = \int\limits_a^c (\psi_n - \varphi_n) \to 0$$

nicht negativ sind, kann man schließen, daß sie für $n \to \infty$ einzeln gegen 0 gehen. Das zeigt die Additivität. Die Monotonie ist trivial: Ist $f \leq g$, so ist $\int_a^b f = \int_{a*}^b f = \sup\{\int_a^b \varphi \mid \varphi \in T_a^b$ und $\varphi \leq f\}$ $\leq \sup\{\cdots$und $\varphi \leq g\} = \int_{a*}^b g = \int_a^b g$.

Schließlich bleibt die Linearität des Riemann-Integrals zu zeigen. Das braucht keine neuen Gedanken. Wie immer seien die φ, ψ und σ, τ Treppenfunktionen. Wir gehen aus von integrablen Funktionen $f, g : [a, b] \to \mathbb{R}$ und Folgen von Treppenfunktionen

$$\varphi_n \leq f \leq \psi_n, \quad \int\limits_a^b (\psi_n - \varphi_n) \to 0,$$

$$\sigma_n \leq g \leq \tau_n, \quad \int\limits_a^b (\tau_n - \sigma_n) \to 0,$$

für $n \to \infty$. Insbesondere $\lim_n \int \varphi_n = \int f$, $\lim_n \int \sigma_n = \int g$. Dann folgt $\varphi_n + \sigma_n \leq f + g \leq \psi_n + \tau_n$, und:

$$\int_a^b ((\psi_n + \tau_n) - (\varphi_n + \sigma_n)) = \int_a^b (\psi_n - \varphi_n) + \int_a^b (\tau_n - \sigma_n) \to 0.$$

Also existiert $\int_a^b (f + g)$ und ist gleich $\lim_n \int (\varphi_n + \sigma_n) = \int f + \int g$.

Ganz ähnlich schließt man für λf, wenn $\lambda \geq 0$. Ist $\lambda < 0$, so beachte man die Umkehrung der Ungleichungen: Aus $\varphi_n \leq f \leq \psi_n$ und $\int (\psi_n - \varphi_n) \to 0$ folgt $\lambda \psi_n \leq \lambda f \leq \lambda \varphi_n$ und $\int (\lambda \varphi_n - \lambda \psi_n) \to 0$. $\quad\square$

Aus der Monotonie folgt die

(1.10) Dreiecksungleichung *für das Integral. Für* $a \leq b$ *gilt:*

$$\left| \int_a^b f \right| \leq \int_a^b |f|.$$

Beweis: Es ist ja $-|f| \leq f \leq |f|$, also $-\int |f| \leq \int f \leq \int |f|$, und weil $\int |f| \geq 0$, folgt die Behauptung. $\quad\square$

Man sollte sich jedoch vorher vergewissern, daß $|f|$ überhaupt integrabel ist.

(1.11) Bemerkung. *Sind die Funktionen* f, g *auf* $[a, b]$ *integrabel, so auch die Funktionen*

$$f_+ := \max(f, 0), \quad f_- := \max(-f, 0),$$

sowie $\max(f, g)$, $\min(f, g)$ *und* $|f|$.

Beweis: Es ist $f_- = f_+ - f$, $|f| = f_+ + f_-$ und $\max(f, g) = \frac{1}{2}(f + g) + \frac{1}{2}|f - g|$, $\min(f, g) = \frac{1}{2}(f + g) - \frac{1}{2}|f - g|$. Wir müssen

also nur zeigen, daß f_+ integrabel ist. Hat man Treppenfunktionen φ, ψ mit
$$\varphi \leq f \leq \psi, \quad \int (\psi - \varphi) < \varepsilon,$$
so folgt $\varphi_+ \leq f_+ \leq \psi_+$, $\int(\psi_+ - \varphi_+) \leq \int(\psi - \varphi) < \varepsilon$, weil $\psi_+ - \varphi_+ \leq \psi - \varphi$. □

Das Beispiel der Funktionenfolge (II, 4.1) zeigt, daß für eine konvergente Folge $(f_n) \to f$ von Funktionen auf $[a, b]$ im allgemeinen
$$\lim_{n \to \infty} \int_a^b f_n(x)\, dx \neq \int_a^b \left(\lim_{n \to \infty} f_n(x) \right) dx.$$

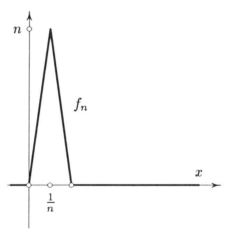

In diesem Fall ist ja $\lim_{n \to \infty} f_n = 0$ und $\int_a^b f_n(x)\, dx = 1$. Gut geht es aber bei gleichmäßiger Konvergenz.

(1.12) Satz (*Stetigkeit des Integrals als Funktional*): *Konvergiert die Funktionenfolge (f_n) auf $[a, b]$ gleichmäßig gegen f und sind alle f_n integrabel, so ist auch f integrabel und*
$$\int_a^b f = \int_a^b \lim_{n \to \infty} f_n = \lim_{n \to \infty} \int_a^b f_n.$$

Beweis: Ist $|f_n - f| < \varepsilon$ und sind φ, ψ Treppenfunktionen mit $\varphi \le f_n \le \psi$ und $\int(\psi - \varphi) < \varepsilon$, so folgt $f_n - \varepsilon < f < f_n + \varepsilon$, also

$$\varphi - \varepsilon < f < \psi + \varepsilon, \quad \int((\psi + \varepsilon) - (\varphi - \varepsilon)) < \varepsilon(2(b-a) + 1).$$

Da letzteres mit ε beliebig klein wird, ist f integrabel.

Aus $|f_n - f| < \varepsilon$ folgt nach (1.10)

$$\left| \int f_n - \int f \right| = \left| \int (f_n - f) \right| \le \int |f_n - f| \le \int \varepsilon = \varepsilon(b-a).$$

Das zeigt $(\int f_n) \to \int f$. $\qquad\qquad\qquad\qquad\qquad\qquad\qquad\square$

In der Tat, die letzte Abschätzung ist der springende Punkt des Beweises. Sie zeigt etwas mehr als das Behauptete: Versieht man den Raum F_a^b mit der Supremumsnorm, so ist die Abbildung

$$\int : F_a^b \to \mathbb{R}, \quad f \mapsto \int_a^b f(x)\, dx$$

Lipschitz-stetig mit Konstante $b - a$. Also

$$(1.13) \qquad\qquad \left| \int_a^b f - \int_a^b g \right| \le (b-a)\|f - g\|.$$

Die Stetigkeit, um die es hier geht, ist die des Integrals als Abbildung $\int : F_a^b \to \mathbb{R}$, oder wie man sagt, als Funktional. Sie ist wohl zu unterscheiden von der Stetigkeit des Integrals als Funktion der oberen Grenze $F(x) = \int_a^x f(t)\, dt$.

Bisher haben wir $a \le b$ vorausgesetzt. Für $a > b$ setzen wir jetzt:

$$\int_a^b f(x)\, dx := -\int_b^a f(x)\, dx.$$

Dann gilt die Additivitätsformel

$$\int_a^c f = \int_a^b f + \int_b^c f$$

§ 1. DAS RIEMANN-INTEGRAL   87

für beliebige Lage der Grenzen a, b, c, falls f auf dem Intervall zwischen $\min\{a,b,c\}$ und $\max\{a,b,c\}$ integrabel ist.

Wir schließen mit einem wichtigen Hilfsmittel, das uns im nächsten Abschnitt dienen wird zu zeigen, wie die Integralrechnung mit der Differentialrechnung zusammenhängt.

(1.14) Mittelwertsatz der Integralrechnung. *Sei f eine stetige und p eine integrable Funktion auf $[a,b]$, und sei $p \geq 0$ (oder $p \leq 0$). Dann existiert ein $\xi \in [a,b]$, sodaß*

$$\int\limits_a^b f \cdot p \; = \; f(\xi) \cdot \int\limits_a^b p.$$

Für $p = 1$ folgt insbesondere

$$\int\limits_a^b f \; = \; f(\xi) \cdot (b - a).$$

Beweis: Sei m das Minimum und M das Maximum von f auf $[a,b]$, dann ist $mp \leq f \cdot p \leq Mp$, also $m \int_a^b p \leq \int_a^b f \cdot p \leq M \int_a^b p$. Jetzt gibt es nach dem Zwischenwertsatz, angewendet auf die Funktion $x \mapsto f(x) \cdot \int_a^b p$, ein $\xi \in [a,b]$ mit $f(\xi) \int_a^b p = \int_a^b f \cdot p$. $\qquad\square$

Oft schreibt man $(b - a) =: h$ und $\xi = a + \vartheta h$, $0 \leq \vartheta \leq 1$, dann steht da:

$$\int\limits_a^{a+h} f \cdot p \; = \; f(a + \vartheta h) \int\limits_a^{a+h} p.$$

Diese Version bleibt für $b < a$, also $h < 0$, gültig und ist daher oft vorzuziehen.

Man kann leicht zeigen, daß ein Produkt integrabler Funktionen stets integrabel ist. Wir verweisen auf die Übungen, um nicht durch

Wiederholung zu ermüden. Man beginnt am besten mit der Zerlegung

$$f = f_+ - f_-.$$

§ 2. Die Ableitung

Wir betrachten in diesem Abschnitt Funktionen $f : D \to \mathbb{R}$, deren Definitionsgebiet D ein Intervall ist, das nicht nur einen Punkt enthält. Die **lineare** Funktion mit Steigung a ist die Abbildung $\mathbb{R} \to \mathbb{R}$, $x \mapsto ax$. Addiert man noch eine Konstante, so erhält man eine **affine** Funktion $f(x) = ax + b$. Dann ist für jedes p

$$f(p + h) - f(p) = ah.$$

Also die Abbildung $h \mapsto f(p+h) - f(p)$ ist linear. Eine Funktion ist bei p differenzierbar, wenn sie sich dort durch eine affine Funktion gut approximieren läßt:

Definition. *Eine Funktion* $f : D \to \mathbb{R}$ *heißt bei* $p \in D$ **differenzierbar** *mit* **Ableitung** *(oder* **Differentialquotient***)*

$$a = f'(p) = \frac{df}{dx}(p),$$

wenn gilt:

$$f(p + h) - f(p) = \Phi(h) \cdot h,$$

und Φ *ist stetig am Nullpunkt, mit* $\Phi(0) = a$.

Natürlich besagt die Definition einfach

$$\Phi(h) = \frac{f(p + h) - f(p)}{h}$$

für $h \neq 0$, dies ist der **Differenzenquotient** bei p, und

$$f'(p) = \lim_{h \to 0} \Phi(h).$$

Setzen wir $\varphi(h) := \Phi(h) - a$, so steht da:

$$f(p+h) - f(p) = ah + \varphi(h) \cdot h, \quad \lim_{h \to 0} \varphi(h) = 0,$$

also $h \mapsto ah$ ist eine lineare Approximation von $h \mapsto f(p+h) - f(p)$, und der Rest $\varphi(h) \cdot h$ verschwindet **von höherer Ordnung** für $h \to 0$, das heißt, wenn man den Rest durch h dividiert, geht der Quotient für $h \to 0$ immer noch gegen 0. Die Funktionen Φ und φ sind auf $\{h \,|\, p+h \in D\}$ definiert.

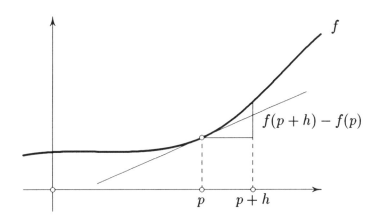

In etwas pauschalen Betrachtungen schreibt man auch einfach $y = f(x)$ und $f' = \frac{dy}{dx}$, eine von Leibniz eingeführte suggestive Bezeichnung, die uns beim Rechnen leiten kann. Der Differentialquotient $\lim_{h \to 0} \Phi(h)$ ist offenbar eindeutig bestimmt, wenn er existiert. Auch hängt er nur von $f(p+h)$ für kleine h ab, also von f lokal um p. Wir beginnen mit einigen Beispielen:

Eine affine Funktion $f(x) = ax + b$ erfüllt $f(p+h) - f(p) = ah$, hat also an jeder Stelle konstant die Ableitung a. Aus diesem Musterexemplar erhalten wir viele weitere Beispiele durch den

(2.1) Satz (*rationale Operationen*). *Seien* $f, g : D \to \mathbb{R}$ *differenzierbar an der Stelle* $p \in D$ *und* $\lambda, \mu \in \mathbb{R}$ *Konstanten. Dann sind auch* $\lambda f + \mu g$ *und* $f \cdot g$ *und für* $f(p) \neq 0$ *auch* $1/f$ *bei* p *differenzierbar, und es gilt:*

(i) **Linearität**: $(\lambda f + \mu g)' = \lambda \cdot f' + \mu \cdot g'$.

(ii) **Produktregel**: $(f \cdot g)' = f' \cdot g + f \cdot g'$.

(iii) **Quotientenregel**: $(1/f)' = -f'/f^2$.

Beweis: Wir setzen dies gerade so an, wie es in der Definition steht: (i): $f(p+h) = f(p) + \Phi(h) \cdot h$, $g(p+h) = g(p) + \Psi(h) \cdot h$, und Φ, Ψ seien stetig am Nullpunkt mit den respektiven Ableitungen als Wert. Dann ist folglich

$$(\lambda f + \mu g)(p+h) - (\lambda f + \mu g)(p) = \big(\lambda \Phi(h) + \mu \Psi(h)\big) \cdot h,$$

und $\lambda \Phi + \mu \Psi$ ist stetig am Nullpunkt mit Wert $\lambda f'(p) + \mu g'(p)$.

(ii) $(f \cdot g)(p+h) = (f \cdot g)(p) + \big(f(p)\Psi(h) + \Phi(h)g(p) + \Phi(h)\Psi(h)h\big) \cdot h$

und der lange Term in Klammern geht für $h \to 0$ gegen

$$f(p)g'(p) + f'(p)g(p).$$

(iii) $\dfrac{1}{f(p+h)} - \dfrac{1}{f(p)} = -\dfrac{f(p+h) - f(p)}{f(p) \cdot f(p+h)} = -\dfrac{\Phi(h)}{f(p) \cdot f(p+h)} \cdot h,$

und für $h \to 0$ geht letzterer Bruch gegen $-f'(p)/f^2(p)$. $\quad\square$

Hier haben wir noch ein bißchen gemogelt, wir benutzen die Bemerkung, daß eine bei p differenzierbare Funktion dort insbesondere stetig ist, also demnach $f(p+h)$ in unserem Fall für kleine h nicht verschwindet. In der Tat: $f(p+h) = f(p) + \Phi(h) \cdot h$, und die rechte Seite ist nach Voraussetzung stetig am Nullpunkt. Die Umkehrung gilt nicht, denn die Funktion $x \mapsto |x|$ ist am Nullpunkt stetig, aber sie ist dort nicht differenzierbar.

§ 2. DIE ABLEITUNG   91

Aus den Regeln folgt durch Induktion sofort, wie man rationale
Funktionen ableitet; für $f(x) = x^n$ ergibt sich nämlich

$$(x^n)' = nx^{n-1},$$

also für ein Polynom erhält man:

(2.2) $\qquad f(x) = \sum_{k=0}^{n} a_k x^k \implies f'(x) = \sum_{k=1}^{n} k a_k x^{k-1}.$

Auch ergibt sich aus (i), (ii) für einen Quotienten $\frac{f}{g} = \left(\frac{1}{g}\right) \cdot f$ die
allgemeinere

(2.3) Quotientenregel. $\qquad \left(\dfrac{f}{g}\right)' = \dfrac{gf' - fg'}{g^2}.$

Wie sich die Ableitung bei Zusammensetzungen von Funktionen
verhält, sagt die

(2.4) Kettenregel. *Gegeben seien Funktionen*

$$D \xrightarrow{f} B \xrightarrow{g} \mathbb{R}.$$

*Sei f differenzierbar bei p und g differenzierbar bei $q = f(p)$. Dann
ist die Zusammensetzung $g \circ f$ bei p differenzierbar mit der Ableitung*

$$(g \circ f)'(p) = g'(q) \cdot f'(p).$$

In salopper Notation schreibt man: Ist $y = f(x)$ und $z = g(y)$,
so ist

$$\frac{dz}{dx} = \frac{dz}{dy} \cdot \frac{dy}{dx}.$$

Beweis: Nach bewährtem Muster schreiben wir

$$f(p + h) = f(p) + \Phi(h) \cdot h, \qquad \Phi(0) = f'(p),$$
$$g(q + k) = g(q) + \Psi(k) \cdot k, \qquad \Psi(0) = g'(q),$$

also $gf(p+h) = g\big(f(p) + \Phi(h)\cdot h\big) = g\big(f(p)\big) + \Psi\big(\Phi(h)\cdot h\big)\cdot \Phi(h)\cdot h$,
setze für die zweite Gleichung $\Phi(h)\cdot h$ für k ein.

Nun, für $h \to 0$ geht auch $\Phi(h)\cdot h \to 0$, also $\Psi\big(\Phi(h)\cdot h\big) \to \Psi(0) = g'(q)$, und $\Phi(h) \to \Phi(0) = f'(p)$. Der ganze Faktor bei h im letzten Term geht also gegen $g'(q)\cdot f'(p)$, und das ist nach Definition der Ableitung die Behauptung. $\qquad\square$

Man stellt sich unter dx gern eine verschwindend kleine Verschiebung von p aus in x-Richtung, unter dy die entsprechende Änderung der Funktion, und unter $\frac{dy}{dx}$ dann den Quotienten vor. Das rechtfertigt die Notation, macht die Rechenregeln plausibel und hilft auch, das mathematische Wesen anderswo, zum Beispiel in der Physik, zu interpretieren. Statt "verschwindend klein" sagt man auch wohl "infinitesimal", in mittelalterlichem Vertrauen auf die wissenschaftszeugende Kraft der lateinischen Sprache. Die Differentiale dx, df ... selbst werden dabei oft nur etwas schüchtern vorgeführt, als sei es eigentlich gemogelt. Doch haben auch sie eine klare Bedeutung:

Betrachten wir eine an jeder Stelle des Intervalls differenzierbare Funktion $f : D \to \mathbb{R}$. Wir haben dann jedem Punkt $p \in D$ eine lineare Abbildung zugeordnet, nämlich die Abbildung

$$d_p f = df(p) : \mathbb{R} \to \mathbb{R}, \quad h \mapsto f'(p)\cdot h.$$

Dies ist ja eben an der Stelle p die lineare Approximation der Abbildung $h \mapsto f(p+h) - f(p)$. Das **Differential** df von f ordnet so jedem $p \in D$ die lineare Abbildung $\mathbb{R} \to \mathbb{R}$, $h \mapsto f'(p)\cdot h$ zu. Insbesondere die Identität x hat das Differential dx, das natürlich jedem Punkt die identische Abbildung zuordnet:

$$d_p x : \mathbb{R} \to \mathbb{R}, \quad h \mapsto h.$$

Und wie jede lineare Abbildung $h \mapsto ah$ von $\mathbb{R}$ nach $\mathbb{R}$ ein Vielfaches der Identität ist (nämlich $a \cdot id$), so ist insbesondere

$$df = f' \cdot dx.$$

§ 3. Das lokale Verhalten von Funktionen   93

Das ist an jeder Stelle p die Gleichung $d_p f : h \mapsto f'(p) \cdot h$ von oben. Im Eindimensionalen sieht das künstlich aus, weil eine lineare Abbildung $\mathbb{R} \to \mathbb{R}$ dasselbe ist wie eine Zahl; sie ist bestimmt durch das Bild der Eins. Aber im Höherdimensionalen wird $d_p f$ auch eine lineare Abbildung höherdimensionaler Räume sein, gegeben durch eine Matrix. Darauf werden wir im dritten Band zurückkommen und die Bedeutung der Differentiale erklären.

Ist $f : D \to \mathbb{R}$ an jedem Punkt $p \in D$ differenzierbar, so liefert f die neue Funktion

$$f' : D \to \mathbb{R}, \quad p \mapsto f'(p).$$

Ist auch sie differenzierbar, so kann man fortfahren und $f'' = (f')'$ bilden, und so fort und induktiv die n-te **Ableitung**

$$f^{[n]} = \left(f^{[n-1]}\right)', \quad f^{[0]} = f,$$

solange die Funktionen eben noch differenzierbar sind. In der Notation von Leibniz schreibt man

$$f^{[n]} = \frac{d^n f}{dx^n}.$$

Existiert $f^{[n]}$ und ist stetig, so heißt f entsprechend n-**mal stetig differenzierbar**.

Die Ableitung einer differenzierbaren Funktion muß allerdings nicht differenzierbar sein, zum Beispiel $x \cdot |x|$ ist überall differenzierbar, mit Ableitung $2|x|$, was im Nullpunkt nicht mehr differenzierbar ist.

§ 3. Das lokale Verhalten von Funktionen

Da die Ableitung einer Funktion die Steigung der Tangente an den Graphen ist, ist es anschaulich plausibel, daß eine Funktion auf einem Intervall genau dann konstant ist, wenn ihre Ableitung verschwindet, daß sie genau dann monoton wächst, wenn ihre Ableitung nie negativ ist, und dergleichen mehr. Der Angelpunkt zum wirklichen Beweis solcher Aussagen ist der Mittelwertsatz der Differentialrechnung. Man beginnt nach gefestigter Tradition mit folgendem Spezialfall:

(3.1) Satz von Rolle. *Sei f eine stetige Funktion auf dem kompakten Intervall $[a,c]$, und sie sei im Innern, also auf dem offenen Intervall (a,c) differenzierbar. Ist dann $f(a) = f(c) = 0$, so existiert ein $b \in (a,c)$ mit $f'(b) = 0$.*

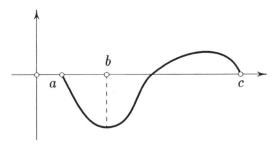

Beweis: Ist f konstant, so ist jedes $b \in (a,c)$ recht. Sonst aber nimmt f sein Maximum oder sein Minimum nicht auf den Randpunkten, also auf einem inneren Punkt b an. Sei also $f(b)$ etwa der minimale Wert von f, der andere Fall ist ebenso zu behandeln. Wir betrachten die Definition der Differenzierbarkeit am Punkt b:

$$f(b+h) - f(b) = \Phi(h) \cdot h, \quad \Phi(0) = f'(b).$$

Die linke Seite ist für kleine $|h|$ definiert und stets nicht negativ. Also muß $\Phi(h)$, wo es nicht verschwindet, dasselbe Vorzeichen wie h haben: $\Phi(h) \geq 0$ für $h > 0$ und $\Phi(h) \leq 0$ für $h < 0$. Aus Stetigkeit muß dann $\Phi(0) = 0$ sein, sonst bliebe es doch lokal um 0 positiv oder negativ. □

§ 3. Das lokale Verhalten von Funktionen

(3.2) Mittelwertsatz der Differentialrechnung. *Sei f eine stetige Funktion auf dem kompakten Intervall $[a, c]$, die auf dem Inneren (a, c) differenzierbar ist. Dann existiert ein innerer Punkt $b \in (a, c)$ mit*
$$f(c) - f(a) = f'(b) \cdot (c - a).$$

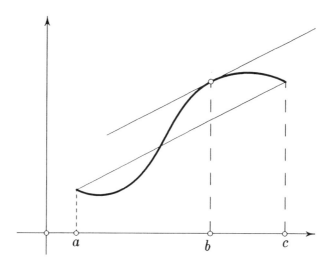

Beweis: Subtrahiere die lineare Verbindung der Endpunkte, also definiere eine differenzierbare Funktion g durch
$$g(x) := f(x) - \left(f(a) + (x - a)\frac{f(c) - f(a)}{c - a} \right).$$
Dann ist $g(a) = g(c) = 0$, also nach Rolle $g'(b) = 0$ für ein b im Innern, und das heißt
$$f'(b) = \frac{f(c) - f(a)}{c - a}. \qquad \square$$

Wohlgemerkt, die Behauptungen glaubt man sofort, aber wir wollen nach und nach so viel darauf bauen, daß hier alles darauf ankommt, formale Beweise zu führen.

96   III. ABLEITUNG UND INTEGRAL

(3.3) Folgerung. *Unter den Voraussetzungen des Mittelwertsatzes gilt:*

(i) *f ist konstant genau wenn $f' = 0$ auf (a, c).*

(ii) *f wächst monoton genau wenn $f' \geq 0$ auf (a, c).*

(iii) *Ist $f'(x) > 0$ für alle $x \in (a, c)$, so wächst f streng monoton. Entsprechendes gilt für monotones Fallen.*

Beweis: (i): Ist $x > a$ und $f' = 0$, so ist $f(x) - f(a) = f'(\xi) \cdot (x - a) = 0$, $a < \xi < x$.

(ii): Für $a \leq x < y$ ist $f(y) - f(x) = f'(\xi) \cdot (y - x)$ mit $x < \xi < y$. Weil $f'(\xi) \geq 0$ nach Voraussetzung, ist $f(x) \leq f(y)$. Ist umgekehrt kein Differenzenquotient $\frac{f(y)-f(x)}{y-x}$ negativ, so auch kein Differentialquotient.

(iii): Ebenso wie (ii) mit $<$ statt $\leq$. $\square$

Die Funktion $y = x^3$ wächst streng monoton, obwohl $(x^3)' = 3x^2$ im Ursprung verschwindet.

(3.4) Satz über die Umkehrfunktion. *Sei D ein Intervall mit mehr als einem Punkt, sei $p \in D$ und $f : D \to \mathbb{R}$ stetig, streng monoton (d.h. injektiv) und differenzierbar bei p mit $f'(p) \neq 0$. Dann ist $f^{-1} : fD \to D$ bei $q = f(p)$ differenzierbar, und*

$$(f^{-1})'(q) = \frac{1}{f'(p)}.$$

In salopper Notation schreibt man dafür

$$\frac{dy}{dx}(q) = \frac{1}{\frac{dx}{dy}(p)}.$$

Beweis: Für $x \in D$ ist nach Definition der Differenzierbarkeit

$$f(x) = f(p) + \Phi(x)(x - p), \quad \Phi(p) = f'(p) \neq 0,$$

§ 3. DAS LOKALE VERHALTEN VON FUNKTIONEN   97

und Φ ist bei p und damit übrigens auf ganz D stetig. Für $x \neq p$ ist
auch $\Phi(x) = (f(x) - f(p))/(x - p) \neq 0$. Sei nun $y = f(x)$, $q = f(p)$,
dann gilt demnach $y - q = \Phi(f^{-1}(y))(f^{-1}(y) - f^{-1}(q))$, also

$$f^{-1}(y) - f^{-1}(q) = \frac{1}{\Phi(f^{-1}(y))} \cdot (y - q).$$

Wir wissen schon (II, 3.9), daß f^{-1}, also $1/\Phi \circ f^{-1}$ bei q stetig ist,
und der Wert dort ist $1/\Phi(p) = 1/f'(p)$.   □

Die Voraussetzungen des Satzes sind insbesondere für jedes $p \in D$
erfüllt, wenn f auf ganz D differenzierbar und stets $f' \neq 0$ ist.

Beispiel. Die Funktion $y = x^n$ liefert $y' = nx^{n-1} > 0$ für $x > 0$.
Die inverse Funktion ist $x = \sqrt[n]{y} =: y^{\frac{1}{n}}$. Leiten wir die Gleichung
$(x^{\frac{1}{n}})^n = x$ nach der Kettenregel ab, so steht da $n(x^{\frac{1}{n}})' \cdot (x^{\frac{1}{n}})^{n-1}$
$= 1$, also

$$(x^{\frac{1}{n}})' = \frac{1}{n} x^{\frac{1}{n} - 1}.$$

Allgemeiner erhält man so für rationales $\alpha = \frac{m}{n}$, daß x^α auf $\{x > 0\}$
eine wohldefinierte streng monotone differenzierbare Funktion ist, mit

$$(x^\alpha)' = \alpha\, x^{\alpha - 1}.$$

Wir werden dieses Ergebnis jedoch bald auf ganz anderem Wege für
beliebige reelle Zahlen α erhalten.

Jetzt wollen wir das lokale Verhalten einer differenzierbaren Funktion um einen Punkt genauer beschreiben. Sei dazu f auf einem offenen Intervall D gegeben, und $p \in D$. Man nennt p ein **lokales
Maximum** von f, wenn p eine Umgebung U in D besitzt, sodaß
$f|U$ in p ein Maximum annimmt, also $f(x) \leq f(p)$ für alle $x \in U$.
Ist hier $f(x) < f(p)$ für alle $x \neq p$, so heißt das lokale Maximum
isoliert. Hat $-f$ ein (isoliertes) lokales Maximum, so hat f ein (isoliertes) lokales **Minimum** an der Stelle p. Ein **Extremum** ist ein
Maximum oder Minimum. Ähnlich nennen wir f um p **lokal streng
monoton** wachsend oder fallend, wenn $f|U$ für eine Umgebung U

von p diese Eigenschaft hat. Eine beliebig oft differenzierbare Funktion hat stets eine dieser vier Verhaltensweisen, es sei denn, daß alle ihre Ableitungen im Punkt p verschwinden.

(3.5) Lemma. *Sei f differenzierbar auf D und $f'(p) = 0$. Dann gilt:*
  (i) *Ist $f'(p+h) \cdot h > 0$ für kleine $h \neq 0$, so ist p ein isoliertes lokales Minimum von f. Dies ist insbesondere der Fall, wenn f' lokal um p streng monoton wächst.*
 (ii) *Ist p ein isoliertes lokales Minimum von f', so wächst f lokal um p streng monoton.*
Sieht also f' aus, wie die eine Figur, so f wie die andere.

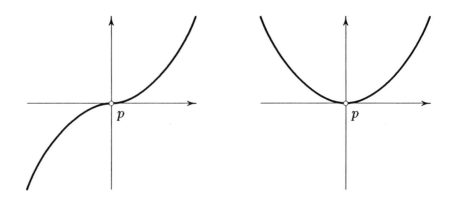

Beweis: (i): Hier hat $f'(p+h)$ gleiches Vorzeichen wie h, also es ist positiv für $h > 0$ und negativ für $h < 0$, also wächst f streng monoton für $h > 0$ und fällt streng monoton für $h < 0$, was insbesondere die Behauptung zeigt.
(ii): Hier ist $f'(p+h) > 0$ für $|h| > 0$, also wächst f lokal streng monoton. □

Der erste Fall liegt insbesondere vor, wenn $f''(p)$ existiert und

§ 3. DAS LOKALE VERHALTEN VON FUNKTIONEN 99

positiv ist, denn dann ist

$$f'(p+h) = \Phi(h) \cdot h, \quad \Phi(0) > 0,$$

also $f'(p+h) \cdot h = \Phi(h) \cdot h^2 > 0$ für kleine $h \neq 0$.

(3.6) Satz *über das lokale Verhalten. Sei f auf dem offenen Intervall D definiert und $(n-1)$-mal differenzierbar, $n \geq 2$. Für ein $p \in D$ existiere auch $f^{[n]}(p)$, und es sei*

$$f^{[n]}(p) \neq 0, \quad f^{[k]}(p) = 0 \quad \text{für} \quad k < n.$$

Dann hat man einen der folgenden vier Fälle:

n *gerade,* $\quad f^{[n]}(p) > 0 \implies p$ *ist ein isoliertes lokales Minimum.*

n *gerade,* $\quad f^{[n]}(p) < 0 \implies p$ *ist ein isoliertes lokales Maximum.*

n *ungerade,* $f^{[n]}(p) > 0 \implies f$ *wächst lokal um p streng monoton.*

n *ungerade,* $f^{[n]}(p) < 0 \implies f$ *fällt lokal um p streng monoton.*

Beweis: Den Fall $f^{[n]}(p) < 0$ führt man durch Multiplikation mit -1 auf den Fall $f^{[n]}(p) > 0$ zurück, den wir jetzt betrachten. Nach Voraussetzung ist $f^{[n-2]''}(p) > 0$, und demnach fällt $f^{[n-2]}$ unter Fall (i) des Lemmas. Damit fällt aber nach dem Lemma $f^{[n-2k]}$ unter Fall (i) und $f^{[n-2k-1]}$ unter Fall (ii). Je nachdem ob n gerade oder ungerade ist, fällt also $f = f^{[0]}$ unter (i) bzw. (ii). □

Der Satz sagt, daß sich $f(p+h)$ für kleine h ebenso verhält, wie die Funktion

$$h \mapsto f^{[n]}(p) \cdot h^n.$$

Das werden wir später noch besser verstehen, wenn von der Taylorentwicklung die Rede ist (vergl. auch Bd. 2, V, 3.3). Verschwinden allerdings alle Ableitungen von f bei p, so kann f lokal um p sehr pathologisch werden, weder extremal noch monoton.

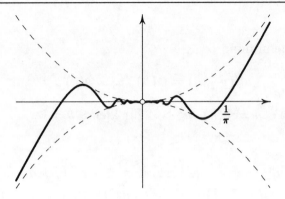

Ein Beispiel ist die Funktion

$$f(x) = x^2 \sin\left(\tfrac{1}{x}\right), \quad f(0) = 0.$$

Wir werden auch noch Beispiele kennenlernen, die beliebig oft differenzierbar sind. Aber solche Beispiele sind doch untypisch.

Um zu zeigen, daß ein Punkt nun wirklich ein absolutes Extremum ist, sind natürlich weitere Überlegungen nötig. Manchmal hilft der Satz, daß eine stetige Funktion auf einem kompakten Intervall jedenfalls ein Extremum hat. Kann man die Randpunkte ausschließen, so bleiben meist nur noch wenige Nullstellen der Ableitung von f als Kandidaten.

Übrigens ist in unseren Definitionen nicht ausgeschlossen, daß der Punkt p ein Randpunkt des Intervalls D ist. Man spricht dann auch von **einseitiger** Differenzierbarkeit von f bei p.

§ 4. Der Hauptsatz

Dieser Satz lehrt, daß Ableiten und Integrieren zueinander inverse Operationen sind. Wir betrachten wie immer ein Intervall D mit mehr als einem Punkt und eine darauf definierte Funktion f. Eine Funktion $F : D \to \mathbb{R}$ heißt eine **Stammfunktion** von f, wenn

§ 4. Der Hauptsatz

$F' = f$. Zwei Stammfunktionen F und F_1 unterscheiden sich um eine Konstante, denn $(F - F_1)' = F' - F_1' = f - f = 0$.

(4.1) Hauptsatz. *Ist $a \in D$ und f stetig auf D, so ist*

$$x \mapsto \int_a^x f(t)\,dt$$

eine Stammfunktion von f auf D. Ist also F irgendeine Stammfunktion von f, so ist

$$\int_a^x f(t)\,dt = F(x) - F(a) =: \bigl[F\bigr]_a^x.$$

Beweis: Sei $g(x) := \int_a^x f(t)\,dt$, dann ist nach dem Mittelwertsatz der Integralrechnung

$$g(x+h) - g(x) = \int_x^{x+h} f = f(x + \vartheta_h \cdot h) \cdot h, \quad 0 \leq \vartheta_h \leq 1.$$

Und $\lim_{h \to 0} f(x + \vartheta_h \cdot h) = f(x)$, das zeigt $g'(x) = f(x)$.

Eine Stammfunktion ist bis auf eine Konstante, also durch ihren Wert an einem Punkt bestimmt, und die beiden Stammfunktionen $\int_a^x f$ und $F(x) - F(a)$ stimmen für $x = a$ überein. □

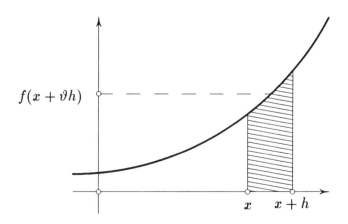

Wegen des Hauptsatzes nennt man eine Stammfunktion von f auch ein **unbestimmtes Integral** und bezeichnet sie durch

$$\int f = \int f(t)\, dt.$$

Zum Beispiel ein Polynom $f(x) = \sum_{k=0}^{n} a_k x^k$ hat das unbestimmte Integral

$$\int f(t)\, dt = a + \sum_{k=0}^{n} \frac{a_k}{k+1} x^{k+1}.$$

So gewinnen wir durch Differenzieren von Funktionen mühelos viele Formeln für Integrale, die aus der Definition des Integrals direkt nur schwer zu finden wären, denn für das Rechnen mit elementaren Funktionen ist das Differenzieren meist leichter als das Integrieren. Auf die Dauer und prinzipiell erweist sich dagegen doch das Integral als der Operator mit den besseren Eigenschaften: Man beweist zum Beispiel die Lösbarkeit von Differentialgleichungen, indem man daraus eine Integralgleichung macht. Jede stetige Funktion läßt sich integrieren und liefert als Integral nach dem Hauptsatz eine differenzierbare Funktion: Integrieren macht die Funktionen besser. Ableiten dagegen macht sie schlechter, die Ableitung einer differenzierbaren Funktion braucht nichteinmal stetig zu sein.

Jede Regel der Differentialrechnung läßt sich — jedenfalls für stetige Funktionen — nach dem Hauptsatz als Regel der Integralrechnung deuten. Aus der Kettenregel wird so die

(4.2) Transformationsformel. *Ist $f : D \to \mathbb{R}$ eine stetige Funktion und $\varphi : [a, b] \to D$ stetig differenzierbar, so ist*

$$\int\limits_{a}^{b} f \circ \varphi(t) \cdot \varphi'(t)\, dt = \int\limits_{\varphi(a)}^{\varphi(b)} f(u)\, du.$$

In sinnfälliger Notation schreiben wir: Ist $u = \varphi(t)$, so ersetze zur Transformation des Integrals $du = \varphi'(t)\, dt$.

Beweis: Für jedes $x \in [a, b]$ zeigen wir:

$$F(x) := \int\limits_a^x f \circ \varphi \cdot \varphi' = \int\limits_{\varphi(a)}^{\varphi(x)} f =: G(x).$$

Für $x = a$ verschwinden beide Funktionen, und es ist $F' = G'$ zu zeigen. Nach dem Hauptsatz ist $F'(x) = f(\varphi(x)) \cdot \varphi'(x)$, und G muß man, entsprechend der Kettenregel, erst nach der oberen Grenze, und dann diese nach x ableiten. Das ergibt auch $f(\varphi(x)) \cdot \varphi'(x)$. $\quad\square$

Beispiel. Gesucht ist ein Integral $\int x\sqrt{1+x}\,dx$. Setze $\sqrt{1+x} = u$, also $x = u^2 - 1$, $dx = 2u\,du$, und es ergibt sich

$$2\int (u^2 - 1)u^2\,du = 2\int (u^4 - u^2)\,du = 2\left(\frac{u^5}{5} - \frac{u^3}{3}\right),$$

was das Problem im wesentlichen löst.

Leichte Anwendungen der Transformationsformel sind die Formeln:

$$\int\limits_a^b f(t+c)\,dt \;=\; \int\limits_{a+c}^{b+c} f(x)\,dx, \qquad x = t + c.$$

$$c\int\limits_a^b f(ct)\,dt \;=\; \int\limits_{ac}^{bc} f(x)\,dx, \qquad x = ct.$$

$$\int\limits_a^b t^{n-1} f(t^n)\,dt \;=\; \tfrac{1}{n}\int\limits_{a^n}^{b^n} f(x)\,dx, \qquad x = t^n.$$

Ist f eine streng monotone Funktion auf $[a, b]$ mit Bild $[f(a), f(b)]$ oder $[f(b), f(a)]$, so hat man auf dem Bildintervall die inverse Funktion, und es gilt:

$$(4.3) \qquad \int\limits_a^b f + \int\limits_{f(a)}^{f(b)} f^{-1} = bf(b) - af(a).$$

Wissen wir also eine Funktion zu integrieren, so können wir auch das Integral der Umkehrfunktion hinschreiben, wenn die Funktion umkehrbar ist.

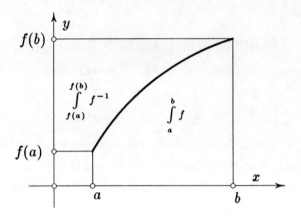

Beweis: Ist f differenzierbar, so setze x für b und differenziere nach x. Es kommt beidseits $xf'(x) + f(x)$ heraus. Im allgemeinen hilft die Figur weiter: Eine Treppenfunktion unter f liefert eine Treppenfunktion über f^{-1} und umgekehrt. □

Schließlich hat man als oft geschicktes Hilfsmittel die

(4.4) Partielle Integration. *Sind f und g auf dem Intervall $[a, b]$ stetig differenzierbare Funktionen, so gilt:*

$$\int_a^b f(t)\,g'(t)\,dt = [f \cdot g]_a^b - \int_a^b f'(t)\,g(t)\,dt.$$

Kurz notiert: $\int f\,dg = fg - \int g\,df$.

Beweis: Ersetze b durch x und differenziere, dann steht da: $f \cdot g' = (f \cdot g)' - g \cdot f'$, also die Produktregel. □

Wählt man speziell $g(x) = x$, so erhält man

$$\int f = xf - \int xf'.$$

Als Anwendung betrachten wir die Funktion $\log(x) := \int_1^x t^{-1}\,dt$, die wir im nächsten Abschnitt genauer studieren werden. Es ist also

$$\log'(x) = 1/x.$$

§ 4. Der Hauptsatz

Mit der letzten Formel erhalten wir daher

$$\int \log(x) = x\log(x) - \int 1 = x\big(\log(x) - 1\big).$$

Ähnlich gelingt die Berechnung der Integrale

$$A_m := \int \frac{dx}{(1+x^2)^m}.$$

$$A_m = \frac{x}{(1+x^2)^m} + 2m \int \frac{x^2\,dx}{(1+x^2)^{m+1}} = \frac{x}{(1+x^2)^m} + 2mA_m - 2mA_{m+1},$$

wegen $x^2 = (1+x^2) - 1$. Damit haben wir die Rekursionsformel

$$(4.5) \qquad A_{m+1} = \frac{1}{2m} \cdot \frac{x}{(1+x^2)^m} + \frac{2m-1}{2m} A_m.$$

Wir werden bald lernen, für A_1 auch

$$A_1(x) = \arctan(x)$$

zu schreiben. Daraus lassen sich dann rekursiv alle A_n berechnen.

Eine Transformation zu finden, die ein gegebenes Integral in ein bekanntes umformt, verlangt Übung und Geschicklichkeit, und oft auch psychologische Einfühlung in die Neigungen des Aufgabenstellers. Man darf jedoch nicht erwarten, daß jedes Integral schon bekannter Funktionen sich wieder durch bekannte Funktionen algebraisch oder durch Zusammensetzung ausdrücken läßt. Auch muß man bedenken, daß eine Funktion wie

$$\log(\arctan\sqrt{1+\cos^2 x}) - \sin(\arctan(\log|x|))$$

auch nicht ernstlich bekannt ist. Daher ist es gerade in Anwendungen, aber auch in theoretischen Betrachtungen, oft vernünftiger, eine durch ein Integral definierte Funktion direkt zu untersuchen und durch Näherungsverfahren das Integral zu berechnen, als sich in Lösungsformeln zu verstricken. Immerhin soll der Student auch einiges Geschick im Rechnen erwerben. Nun ist allerdings doch schon offenbar, daß es uns überhaupt an Funktionen fehlt. Spezielle Funktionen sind nicht nur Beispiele zur Anwendung der allgemeinen Sätze, sondern sie bilden den eigentlich konkreten Inhalt der Analysis.

§ 5. Logarithmus und Exponentialfunktion

Der natürliche **Logarithmus** ist die Funktion

$$\log : \mathbb{R}_+ \to \mathbb{R}, \quad x \mapsto \int_1^x t^{-1}\, dt.$$

Er ist also durch die Gleichungen

$$\log(1) = 0, \quad \log'(x) = \frac{1}{x}$$

bestimmt. Weil auf dem Definitionsgebiet der positiven reellen Zahlen $\log' > 0$ ist, wächst der Logarithmus streng monoton und ist, wie die Funktion $1/x$, beliebig oft differenzierbar.

$$(5.1) \qquad\qquad \log(ax) = \log(a) + \log(x).$$

Beweis: Beide Seiten sind gleich für $x = 1$ und haben gleiche Ableitung. $\qquad\qquad\qquad\qquad\qquad\qquad\qquad\qquad\qquad\square$

Insbesondere folgt $\log(x) + \log(x^{-1}) = \log(1) = 0$, also $\log(x^{-1}) = -\log(x)$. Für $n \in \mathbb{N}$ folgt induktiv $\log(x^n) = n\log(x)$, also $m\log(x^{\frac{1}{m}}) = \log(x)$, das heißt $\log(x^{\frac{1}{m}}) = \frac{1}{m}\log(x)$. Aus beidem zusammen folgt

$$\log(x^\alpha) = \alpha \log(x)$$

für rationale Zahlen α. Weil nun zum Beispiel $\log(2) > \log(1) = 0$, folgt $\log(2^n) = n\log(2) \to \infty$ für $n \to \infty$, und $\log(2^{-n}) = -n\log(2) \to -\infty$ für $n \to \infty$. Das Bild von log ist also die ganze reelle Gerade, und die Steigung $1/x$ fällt monoton und ist 1 im Punkt 1. Sie geht gegen ∞ für $x \to 0$ und gegen 0 für $x \to \infty$. Alles zusammengenommen haben wir schon ein ziemlich klares Bild des Graphen der Logarithmenfunktion:

§ 5. Logarithmus und Exponentialfunktion

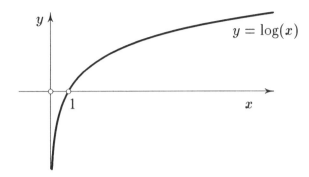

Für $x < 0$ hat man nach der Kettenregel $\log(-x)' = 1/x$, also

$$\int \frac{1}{x} = \log|x| \quad \text{auf } \mathbb{R} \smallsetminus \{0\}.$$

Der Logarithmus hat eine Umkehrfunktion, die **Exponentialfunktion**

$$\exp : \mathbb{R} \to \mathbb{R}_+,$$

und nach dem Satz über die Umkehrfunktion ist diese ebenfalls differenzierbar und wächst streng monoton. Weil für $y = \log(x)$ gilt $y' = x^{-1}$ gilt für die Umkehrfunktion $x = \exp(y)$, $dx/dy = 1/x^{-1} = x$, also haben wir

(5.2) $$\exp(0) = 1, \quad \exp'(x) = \exp(x).$$

Diese Gleichungen charakterisieren die Exponentialfunktion, genauer:

(5.3) Satz: *Sei $u : \mathbb{R} \to \mathbb{R}$ eine differenzierbare Funktion, sodaß $u' = \alpha u$, $u(0) = \beta$ für Konstanten $\alpha, \beta \in \mathbb{R}$. Dann ist*

$$u(x) = \beta \exp(\alpha x).$$

Beweis: Nach dem Gesagten erfüllt die Funktion $\beta \exp(\alpha x)$ jedenfalls die geforderten Gleichungen. Gilt nun dasselbe von u, so setze $v(x) = u(x)/\exp(\alpha x)$. Dann folgt

$$v'(x) = \frac{\exp(\alpha x) u'(x) - u(x) \alpha \exp(\alpha x)}{\exp(\alpha x)^2} = 0$$

wegen $u' = \alpha u$. Also $v = v(0) = u(0) = \beta$. □

108   III. ABLEITUNG UND INTEGRAL

Die Exponentialfunktion $\exp(\alpha x)$ beschreibt also das Wachstum oder die Abnahme mit konstanter Rate, ein Vorgang, der uns überall, segensreich oder verhängnisvoll, vor Augen steht. Die Differentialgleichung $y' = \alpha y$, die wir jetzt vollständig gelöst haben, ist eine der wichtigsten überhaupt.

Aus (5.1) folgt durch Umkehrung unmittelbar

$$(5.4) \qquad\qquad \exp(a + x) = \exp(a) \cdot \exp(x),$$

denn beide haben gleichen Logarithmus $a + x$. Wir setzen

$$\exp(1) := e.$$

(Es ist $e = 2{,}718281\ldots$). Dann gilt jedenfalls für rationale Exponenten

$$\exp(\alpha) = e^{\alpha},$$

denn beide Seiten haben gleichen Logarithmus α. Für andere Exponenten hatten wir bisher keine Potenz erklärt, und definieren jetzt

$$e^{x} := \exp(x).$$

Will man für eine beliebige Zahl $a > 0$ die **allgemeine Potenz** a^{x} erklären, so sollte doch $\log(a^{x}) = x \log(a)$ sein, und so setzen wir jetzt übereinstimmend mit dem früheren

$$(5.5) \qquad\qquad a^{x} := e^{x \log(a)}.$$

Es folgt dann $a^{x+y} = e^{(x+y)\log(a)} = e^{x \log(a)} \cdot e^{y \log(a)} = a^{x} \cdot a^{y}$, und

$$(5.6) \qquad\qquad (a^{x})' = \log(a) \cdot a^{x}.$$

Auch erhalten wir jetzt für beliebige Exponenten:
$(x^{\alpha})' = (e^{\alpha \log(x)})' = \frac{\alpha}{x} e^{\alpha \log(x)} = \frac{\alpha}{x} x^{\alpha} = \alpha x^{\alpha-1}$, also

$$(5.7) \qquad
\begin{aligned}
(x^{\alpha})' &= \alpha\, x^{\alpha-1} \quad \text{für} \quad x > 0. \\[2mm]
\int x^{\alpha} &= \frac{x^{\alpha+1}}{\alpha + 1} \quad \text{für} \quad x > 0,\ \alpha \neq -1.
\end{aligned}$$

Der Graph der Exponentialfunktion ergibt sich aus dem des Logarithmus.

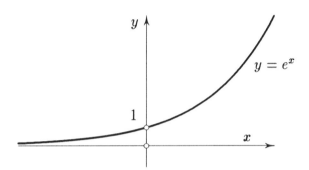

Daß es die Exponentialfunktion als Bijektion $\mathbb{R} \to \mathbb{R}_+$ mit der Eigenschaft
$$\exp(a + b) = \exp(a) \cdot \exp(b)$$
gibt, ist ein grundlegender Satz über die algebraische Struktur des Körpers der reellen Zahlen. Wir betrachten einerseits die Gruppe $(\mathbb{R}, +)$ der beliebigen reellen Zahlen mit der Addition als Verknüpfung, und andererseits die Gruppe $(\mathbb{R}_+, \cdot)$ der positiven reellen Zahlen mit der Multiplikation als Verknüpfung. Dann definiert die Exponentialfunktion einen Isomorphismus
$$\exp : (\mathbb{R}, +) \to (\mathbb{R}_+, \cdot)$$
dieser Gruppen, mit inversem Isomorphismus log. Die beiden algebraischen Strukturen sind gleichsam dieselben mit unterschiedlicher Benennung. Was sich in der einen mit der Addition sagen läßt, gilt genauso in der anderen, wenn man die Addition durch die Multiplikation ersetzt. Das ist eine Besonderheit des reellen Zahlkörpers. Zum Beispiel beim Körper $\mathbb{Q}$ der rationalen Zahlen ist die additive Struktur geheimnisvoll, die multiplikative Struktur dagegen aufgrund der eindeutigen Primfaktorzerlegung sehr einfach.

§ 6. Winkelfunktionen

Wie schon erwähnt, definieren wir die Funktion arctan : $\mathbb{R} \to \mathbb{R}$, den **Arkustangens**, durch

$$\arctan(t) = \int_0^t \frac{1}{1+s^2}\, ds.$$

Schreiben wir der Kürze halber $a(t) := \arctan(t)$, so ist diese Funktion demnach durch die Gleichungen bestimmt:

(6.1) $$a'(t) = \frac{1}{1+t^2}, \quad a(0) = 0.$$

Natürlich soll diese Funktion den im Bogenmaß gemessenen Winkel mit Tangens t angeben. Wir werden unsere Definitionen von Winkel, Tangens und Bogenmaß schon dementsprechend einrichten. Den Anschluß an die Anschauung liefert eine Physikerbetrachtung an folgender Figur:

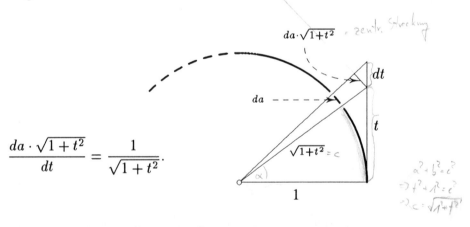

$$\frac{da \cdot \sqrt{1+t^2}}{dt} = \frac{1}{\sqrt{1+t^2}}.$$

Man nennt diese Funktion auch den **Hauptzweig** des Arkustangens. Wir legen dem Folgenden nur die obige formale Definition (6.1) zugrunde. Weil $a'(t) = \frac{1}{1+t^2} > 0$, wächst die Funktion streng monoton mit abnehmender Steigung und ist beliebig oft differenzierbar. Der Arkustangens ist eine **ungerade (antisymmetrische)** Funktion, das heißt:

(6.2) $$a(-t) = -a(t).$$

§ 6. WINKELFUNKTIONEN   111

Wir definieren die Zahl π durch

$$\pi := 4 \cdot a(1).$$

Weil $\frac{1}{2} \leq \frac{1}{1+t^2} \leq 1$ auf $[0,1]$, folgt $\frac{1}{2} \leq a(1) \leq 1$, also $2 \leq \pi \leq 4$.
Natürlich kann man π aufgrund der Definition ohne Mühe auf viele
Stellen genau berechnen. Die numerische Integration von $\frac{1}{1+t^2}$, also
z.B. das Einschließen dieser Funktion zwischen Treppenfunktionen,
wäre ein mögliches, aber kein geschicktes Verfahren.

(6.3) $a(t) + a(t^{-1}) = \pi/2 \quad \text{für} \quad t > 0.$

Beweis: Die Formel gilt für $t = 1$, und die linke Seite hängt nicht
von t ab, weil ihre Ableitung verschwindet:

$$\frac{1}{1+t^2} - \frac{t^{-2}}{1+t^{-2}} = 0.$$

Also für $t \to \infty$ geht $a(t) \to \pi/2$, weil $a(t^{-1}) \to a(0) = 0$. Aus (6.2)
folgt somit, daß der Arkustangens eine umkehrbare Abbildung

$$a : \mathbb{R} \to (-\pi/2, \pi/2)$$

definiert. Die Umkehrabbildung heißt der **Tangens**

$$\tan : (-\pi/2, \pi/2) \to \mathbb{R},$$

und wir setzen diese Funktion periodisch fort:

$$\tan(x + \pi) := \tan(x).$$

Auf dem Intervall $(-\pi/2, \pi/2)$ wächst der Tangens streng monoton,
und aus (6.2) folgt

(6.4) $\tan(-x) = -\tan(x),$

weil beide Seiten gleichen Arkus $-x$ liefern. Aus (6.3) folgt ganz
entsprechend:

(6.5) $\tan(x) \cdot \tan\left(\frac{\pi}{2} - x\right) = 1 \quad \text{für} \quad x \notin \left\{\frac{k\pi}{2} \mid k \in \mathbb{N}\right\}.$

Der Satz über die Ableitung der Umkehrfunktion liefert

(6.6) $$\frac{d}{dx}\tan(x) = 1 + \tan^2(x).$$

Also außerhalb $\{\pi/2 + k\pi \mid k \in \mathbb{Z}\}$ ist der Tangens beliebig oft differenzierbar. Dabei ist $\tan'(0) = 1$ und $\tan'(x) \to \infty$ für $x \to \pm\pi/2$ auf dem Intervall $(-\pi/2, \pi/2)$. Die Steigung $\tan'$ fällt monoton auf $(-\pi/2, 0]$ und steigt monoton auf $[0, \pi/2)$. Mit der Periodizität des Tangens ergibt sich somit als Graph die Figur:

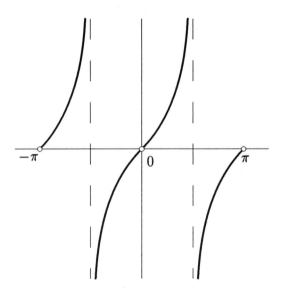

Aus der Funktion Tangens erhält man **Sinus** und **Kosinus**, wenn man aufgrund elementargeometrischer Betrachtungen von den Formeln $\sin/\cos = \tan$, $\sin^2 + \cos^2 = 1$ ausgeht:

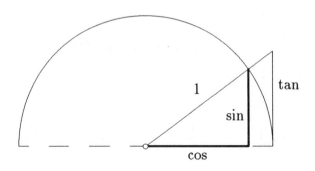

§ 6. WINKELFUNKTIONEN   113

$$\cos(x) := \frac{1}{\sqrt{1+\tan^2(x)}}, \quad \sin(x) := \frac{\tan(x)}{\sqrt{1+\tan^2(x)}} \quad \text{für } |x| < \pi/2.$$

$$\cos(\pi/2) := 0, \quad \sin(\pi/2) := 1.$$

$$\cos(x+\pi) := -\cos(x), \quad \sin(x+\pi) := -\sin(x).$$

Damit sind Sinus und Kosinus zunächst für alle x so definiert, daß es mit unseren anschaulichen Vorstellungen verträglich ist. Aus dem, was wir über den Tangens schon wissen, folgt offenbar:

(6.7)
$$\cos(-x) = \cos(x), \qquad \sin(-x) = -\sin(x),$$

$$\cos(x+2\pi) = \cos(x), \quad \sin(x+2\pi) = \sin(x).$$

Sinus und Kosinus sind 2π-periodisch. Es ist leicht zu sehen, daß die beiden Funktionen an den Stellen $\pi/2 + k\pi$, wo sie zusammengestückelt sind, stetig bleiben, nämlich

$$\lim_{x \to \pm\pi/2} \cos(x) = 0, \quad \lim_{x \to \pm\pi/2} \sin(x) = \pm 1.$$

Die zweite Gleichung zum Beispiel folgt für $t = \tan(x)$ aus

$$\lim_{t \to \infty} \frac{\pm t}{\sqrt{1+t^2}} = \pm 1.$$

Jetzt findet man die grundlegenden Differentialgleichungen

(6.8) $$\sin'(x) = \cos(x), \quad \cos'(x) = -\sin(x).$$

Dies bestätigt man zunächst für das Intervall $|x| < \pi/2$ aus (6.6) und der Definition von Sinus und Kosinus durch Nachrechnen. Dann überträgt sich die Gleichung wegen der Periodizität (6.7) auf alle Punkte bis auf die $\pi/2 + k\pi$. Für diese hilft dann das bei solchem Basteln mit Funktionen oft nützliche allgemeine

(6.9) **Lemma.** *Sei D ein reelles Intervall mit mehr als einem Punkt, f eine auf D stetige Funktion, und $p \in D$. Angenommen f ist auf $D \smallsetminus \{p\}$ differenzierbar und*

$$\lim_{x \to p} f'(x) = a, \quad x \neq p,$$

dann ist f auch bei p differenzierbar und $f'(p) = a$.

Beweis: Nach dem Mittelwertsatz der Differentialrechnung ist
$$\frac{f(p+h) - f(p)}{h} = f'(p + \vartheta_h h), \quad 0 < \vartheta_h < 1,$$
und für $h \to 0$ konvergiert dies gegen a. □

Findet man also, wie in unserem Fall, eine stetige Funktion, die auf einem Intervall außer bei p die Ableitung einer anderen stetigen Funktion ist, so ist sie es auch an der Stelle p.

Die Differentialgleichungen (6.8) haben eine sehr anschauliche Bedeutung: Wir denken uns, daß ein Punkt mit Geschwindigkeit 1 auf dem Einheitskreis in positiver Richtung herumläuft. Er beginne zur Zeit $t = 0$ seinen Lauf im Punkt $(1,0)$. Nach der Zeit t befindet er sich an der Stelle $(\cos(t), \sin(t))$.

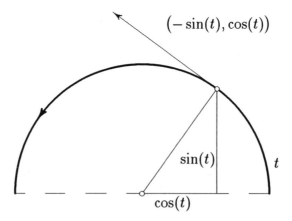

Der Geschwindigkeitsvektor des auf dem Kreis herumlaufenden Punktes hat Länge 1, steht senkrecht auf dem Ortsvektor $(\cos(t), \sin(t))$, und bildet diesem folgend ein Rechtssystem, und damit muß es sich um den Vektor $(-\sin(t), \cos(t))$ handeln. Andererseits erhält man

§ 6. Winkelfunktionen

die Geschwindigkeit durch Ableiten der Ortskoordinaten nach der Zeit, also

$$d/dt \cos(t) = -\sin(t), \quad d/dt \sin(t) = \cos(t).$$

Nach dieser kinematischen Abschweifung ins Zweidimensionale zurück zu unseren Funktionen. Sie sind durch diese beiden Differentialgleichungen mit den Anfangsbedingungen

$$\sin(0) = 0, \quad \cos(0) = 1$$

vollkommen bestimmt, und wir hätten sie auch dadurch definieren können. Nur, daß es solche Funktionen gibt, haben wir aus dem Vorhergehenden erschlossen.

(6.10) Satz (*Schwingungsgleichung*). *Sei $u : \mathbb{R} \to \mathbb{R}$ eine zweimal differenzierbare Funktion mit*

$$u'' + u = 0.$$

$\iff u'' = -u$

Dann ist

$$u(x) = \alpha \cos(x) + \beta \sin(x), \quad \alpha = u(0), \quad \beta = u'(0).$$

Beweis: Setze $v := u'$, dann gilt

(6.11) $\quad u' = v, \quad v' = -u, \quad u(0) := \alpha, \quad v(0) := \beta.$

Diese Bedingungen erfüllt auch das Paar von Funktionen

$u(x) = \alpha \cos(x) + \beta \sin(x), \quad \beta \cos(x) - \alpha \sin(x) = v(x) = u'(x)$

und wir wollen zeigen, daß nur dieses Paar die Gleichungen (6.11) erfüllt. Nun, bilden wir die Differenzen

$$U := u - (\alpha \cos(x) + \beta \sin(x)), \quad V := v - (\beta \cos(x) - \alpha \sin(x)),$$

so gilt offenbar:

$$U' = V, \quad V' = -U, \quad U(0) = V(0) = 0,$$

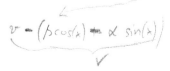
$v = (\beta\cos(x) + \alpha \sin(x))$

und wir haben zu zeigen, daß dies nur vom Paar der Nullfunktionen erfüllt wird. Denken wir noch einmal an die kinematische Deutung, so besagen diese Gleichungen eigentlich, daß der Punkt (U, V) so über die Ebene läuft, daß seine Bewegungsrichtung stets senkrecht zum Ortsvektor ist, seine Anfangsposition aber der Nullpunkt ist. Freilich kann er dann da nicht wegkommen. Betrachten wir also demgemäß das Quadrat des Abstands, also ohne alle Deutung die Funktion $E(x) = U^2(x) + V^2(x)$. Es ist

$$E' = (U^2 + V^2)' = 2UU' + 2VV' = 2UV - 2UV = 0,$$

und $E(0) = 0$, also $E = 0$, also $U = V = 0$. $\qquad\qquad$ $\square$

Auch die Differentialgleichung

$$u'' + \omega^2 u = 0$$

können wir jetzt vollständig lösen. Ist $\omega \neq 0$, so ist die allgemeine Lösung

$$u = \alpha \cos(\omega t) + \beta \sin(\omega t), \quad \alpha, \beta \in \mathbb{R}.$$

Das erhält man aus dem Vorigen, indem man setzt:

$$w(t) := u(t/\omega).$$

Dann gilt $w'' + w = 0$, also $w(t) = \alpha \cos(t) + \beta \sin(t)$, also die Behauptung. (Und für $\omega = 0$?)

Die Behauptung läßt sich auch so aussprechen: Die zweimal differenzierbaren Funktionen $u : \mathbb{R} \to \mathbb{R}$, welche die Differentialgleichung

$$u'' + \omega^2 u = 0$$

erfüllen, bilden einen 2-dimensionalen Vektorraum. Eine Basis bilden die Funktionen $\sin(\omega t)$, $\cos(\omega t)$. Übrigens ist die Abbildung

$$u \mapsto u'' + \omega^2 u$$

eine lineare Abbildung des Raumes der zweimal differenzierbaren Funktionen. Wir haben den Kern berechnet.

Beim Beweis des Satzes haben wir als gleichwertiges Resultat gefunden, daß die Bedingung

$$u' = v, \quad v' = -u, \quad u(0) = \alpha, \quad v(0) = \beta$$

ein Paar von Funktionen u, v festlegt, nämlich

$$u = \alpha \cos(x) + \beta \sin(x), \quad v = \beta \cos(x) - \alpha \sin(x).$$

Als Anwendung des Satzes zeigen wir das

(6.12) Additionstheorem.

$$\sin(x + y) = \sin(x)\cos(y) + \cos(x)\sin(y),$$
$$\cos(x + y) = \cos(x)\cos(y) - \sin(x)\sin(y).$$

Beweis: Für festes y sei $u(x) = \sin(x+y)$, dann erfüllt u offenbar die Voraussetzung des Satzes mit

$$\alpha = u(0) = \sin(y), \quad \beta = u'(0) = \cos(y).$$

Also ist $u(x) = \alpha \cos(x) + \beta \sin(x)$, und das ist die erste Formel. Die zweite folgt ähnlich. □

Die Graphen von Sinus und Kosinus sind aus dem, was wir wissen, leicht anzugeben:

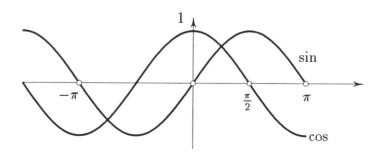

Die Relation

(6.13) $$\sin^2(x) + \cos^2(x) = 1$$

stimmt für $x = 0$, also allgemein, weil die Ableitung der linken Seite verschwindet. Schließlich zeigen wir das, wovon wir in der Motivation ausgegangen sind:

(6.14) Satz. *Sind $a, b \in \mathbb{R}$ und ist $a^2 + b^2 = 1$, so gibt es genau ein $t \in [0, 2\pi)$ mit*

$$a = \cos(t), \quad b = \sin(t).$$

Beweis: Man macht eine Fallunterscheidung nach dem Quadranten der Ebene, in dem der Punkt (a, b) liegt. Sei etwa $0 \leq a, b$. Weil $\cos(0) = 1$, $\cos(\pi/2) = 0$, und weil der Kosinus im Intervall $[0, \pi/2]$ streng monoton fällt (die Ableitung $-\sin$ ist auf dem offenen Intervall negativ), gibt es nach dem Zwischenwertsatz genau ein $t \in [0, \frac{\pi}{2}]$ mit $\cos(t) = a$, und dann ist $\sin(t) = \sqrt{1 - \cos^2(t)} = \sqrt{1 - a^2} = b$. Bleibt zu prüfen, daß $(\cos(t), \sin(t))$ für $t \in (\pi/2, 2\pi)$ nicht in den ersten Quadranten fällt. Für die anderen Quadranten schließt man analog. $\square$

Wir wollen die Erklärung der Winkelfunktionen nun als gesichert ansehen. Sie werden uns noch oft begegnen, und wir werden bald zu Aussagen kommen, die aus anschaulicher Betrachtung mit Schulargumenten nicht mehr zu erhalten sind.

Mit dem Sinus konstruieren wir eine Funktion, die überall differenzierbar, deren Ableitung jedoch nicht überall stetig ist, nämlich

$$f(x) = x^2 \sin(x^{-1}) \quad \text{für} \quad x \neq 0, \quad f(0) = 0.$$

Für $x \neq 0$ ist $f'(x) = 2x \cdot \sin(x^{-1}) - \cos(x^{-1})$. Für $x = 0$ zeigt die Definition der Ableitung mit $\Phi(h) = h \cdot \sin(h^{-1})$ unmittelbar $f'(0) = 0$. Dagegen konvergiert $f'(x)$, $x \neq 0$, für $x \to 0$ nicht.

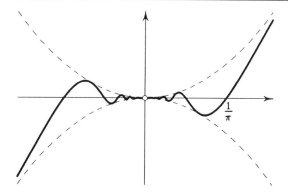

Die Folge von Funktionen

$$f_n(x) = \tfrac{1}{n}\sin(n^2 x)$$

konvergiert gleichmäßig gegen die Nullfunktion, aber die Folge der Ableitungen

$$f_n'(x) = n\cos(n^2 x)$$

divergiert. Die Nähe der Funktionswerte sagt nichts über die Nähe der Ableitungen.

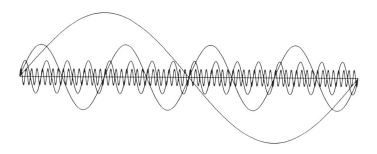

Kapitel IV
Potenzreihen und Taylorentwicklung

*Man nennt diese Bearbeitung Potenzieren und
die Produkte davon Potenzen in verschiedenen Graden. Ungemein wahrscheinlich wird
es hierdurch daß die Materie mittels solcher
Dynamisationen sich zuletzt gänzlich in ihr in-
dividuelles geistartiges Wesen auflöse.*

Hahnemann

Wir werden im Zusammenhang ausführen, ob und wie sich eine Funktion als Potenzreihe darstellen läßt, und wie die Differential- und Integralrechnung für Potenzreihen aussieht. Es zeigt sich, daß insbesondere die elementaren Funktionen arithmetisch-gesetzmäßige Reihenentwicklungen haben, die man aus der schulmäßigen elementargeometrischen Definition der Funktionen gar nicht erwartet. Auf der anderen Seite zeigen wir, wie man differenzierbare Funktionen nach Wunsch konstruiert. Im letzten Abschnitt sagen wir etwas über komplexe Zahlen und Potenzreihen im Komplexen.

§ 1. Potenzreihen

Eine Reihe $\sum_{n=0}^{\infty} f_n$ von Funktionen $f_n : D \to \mathbb{R}$ heißt **normal konvergent**, wenn die Reihe der Normen

$$\sum_{n=0}^{\infty} \|f_n\|_D$$

§ 1. POTENZREIHEN

konvergiert. Die Dreiecksungleichung

$$\left\| \sum_{n=N}^{N+k} |f_n| \right\| \leq \sum_{n=N}^{N+k} \|f_n\|$$

zeigt mit dem Cauchy-Kriterium, daß eine normal konvergente Reihe gleichmäßig absolut konvergiert. Sind die f_n stetig, so ist also auch der Grenzwert der Reihe stetig.

Eine **Potenzreihe mit Entwicklungspunkt** p ist eine Reihe der Form

$$(1.1) \qquad \sum_{k=0}^{\infty} a_k (x - p)^k.$$

Die reellen Zahlen a_k, $k \in \mathbb{N}_0$, heißen die **Koeffizienten** der Reihe. Genauer gesagt definiert die Folge (a_k) der Koeffizienten also eine Abbildung, die jedem $x \in \mathbb{R}$ eine Reihe zuordnet — die natürlich nicht zu konvergieren braucht. Immerhin, wenn $D \subset \mathbb{R}$ die Menge der Stellen x ist, wo die betrachtete Potenzreihe konvergiert, so definiert diese Reihe eine Funktion

$$f : D \to \mathbb{R}, \quad x \mapsto \sum_{k=0}^{\infty} a_k (x - p)^k.$$

Natürlich ist stets auch $p \in D$ und $f(p) = a_0$. Setzen wir $z = x - p$, so kommen wir auf eine Reihe $\sum_k a_k z^k$ mit Entwicklungspunkt 0, und wir verlieren nichts, wenn wir nur diese studieren. Wir schreiben aber wieder x statt z.

Wie sieht nun das Definitionsgebiet D aus? Der **Konvergenz-radius** der Reihe $\sum_k a_k (x - p)^k$ ist

$$R = \sup\{t \mid \text{Die Folge } (|a_n t^n|) \text{ ist beschränkt}\}.$$

Wenn die Folge $(|a_n t^n|)$ für ein t beschränkt bleibt, so erst recht für alle kleineren $|t|$, ist sie für ein t unbeschränkt, so erst recht für alle größeren $|t|$, und $t = R$ ist gerade der kritische Punkt: Darunter ist die Folge beschränkt, darüber nicht. Es kann $R = 0$ oder $R = \infty$

sein, d.h. die Reihe hat nur für $x = p$ bzw. für alle x beschränkte Glieder.

(1.2) Satz. *Sei R der Konvergenzradius der Potenzreihe (1.1). Ist $|x - p| > R$, so divergiert die Reihe. Auf jedem kompakten Intervall $\{x \mid |x - p| \leq r\}$ mit $r < R$ konvergiert die Reihe normal.*

Die Potenzreihe (1.1) konvergiert also jedenfalls in dem offenen **Konvergenzintervall** $(p - R, p + R)$. Über Konvergenz oder Divergenz in den Randpunkten des Konvergenzintervalls kann man nichts Allgemeines sagen.

Beweis: Wir dürfen $p = 0$ annehmen. Für $|x| > R$ ist schon die Folge der Reihenglieder $(a_n x^n)$ nicht beschränkt, also divergiert die Reihe.

Jetzt sei $0 \leq r < R$. Wähle ein t mit $r < t < R$. Dann hat man nach Definition von R eine Abschätzung $|a_n t^n| \leq A$ für alle n, mit einer von n unabhängigen endlichen Schranke A. Damit erhält man für $|x| \leq r$ die von x unabhängige Abschätzung

$$|a_n x^n| \leq |a_n r^n| = |a_n t^n| \cdot (r/t)^n \leq A \cdot (r/t)^n,$$

und $0 \leq r/t < 1$. Damit ist die Reihe $\sum_n \|a_n x^n\|$ auf dem kompakten Intervall $|x| \leq r$ von der geometrischen Reihe $A \sum_n (r/t)^n$ dominiert. $\qquad \Box$

Man sieht, daß der Rand $p \pm R$ des Konvergenzintervalls zwei Verhaltensweisen voneinander scheidet, die weit unterschiedlicher sind, als es zunächst in der Definition ausgesprochen ist: Außen divergiert sogar die Folge der Reihenglieder, in einem kompakten Intervall im Innern konvergiert die Reihe normal.

§ 1. Potenzreihen   123

Es gibt andere Beschreibungen des Konvergenzradius. Eine sehr
elegante, wenn auch selten nützliche, ist die

(1.3) Formel von Hadamard.

$$R = (\overline{\lim_{k}} \sqrt[k]{|a_k|})^{-1}.$$

Beweis: Wir erinnern uns, daß $\overline{\lim}$ der größte Häufungspunkt ist.
Ist $R \in \mathbb{R} \cup \{\infty\}$ das von der Formel Angegebene und $r > R$, so
ist $\overline{\lim}_k r \sqrt[k]{|a_k|} > 1$, also $r \sqrt[k]{|a_k|} > 1$ für unendlich viele k, also
$|a_k r^k| > 1$ für unendlich viele k, also r größergleich dem Konver-
genzradius. Ist $0 < r < R$ so ist entsprechend $\overline{\lim}_k r \sqrt[k]{|a_k|} < 1$, also
$|r^k a_k| < 1$ für fast alle k, und damit r kleinergleich dem Konvergenzradius.   □

Folgende Beispiele zeigen unterschiedliches Konvergenzverhalten
am Rande des Konvergenzintervalls: Die geometrische Reihe

$$\frac{1}{1-x} = 1 + x + x^2 + \cdots$$

hat den Konvergenzradius 1 und divergiert in beiden Randpunkten,
obwohl ja die dargestellte Funktion selbst im Punkt -1 stetig bleibt
und den Wert $\frac{1}{2}$ hat. Die Reihe

$$1 + \frac{x}{2} + \frac{x^2}{3} + \frac{x^3}{4} + \frac{x^4}{5} + \cdots$$

konvergiert für $x = -1$ nach dem Leibniz-Kriterium und führt für
$x = 1$ auf die divergente harmonische Reihe. Die Reihe

$$\sum_{n=1}^{\infty} \frac{x^n}{n^2}$$

konvergiert in beiden Randpunkten ± 1 des Konvergenzintervalls.
Die Reihe

$$\frac{1}{1+x^2} = 1 - x^2 + x^4 - x^6 + \cdots$$

divergiert für $|x| \geq 1$, obwohl die dargestellte Funktion ja auf ganz $\mathbb{R}$ beliebig oft differenzierbar ist. Das wird erst beim Übergang zum Komplexen verständlich, wo sich zeigt, daß diese Funktion einen singulären Punkt an den Stellen $\pm i$ im Abstand 1 vom Ursprung besitzt.

Eine Potenzreihe $f(x) = \sum_k a_k(x-p)^k$ definiert auf ihrem offenen Konvergenzintervall eine stetige Funktion $f : D \to \mathbb{R}$, denn auf jedem kompakten Intervall $\{x \mid |x - p| \leq r\}$ mit $r < R$ ist f stetig als gleichmäßiger Limes stetiger Funktionen, und weil Stetigkeit eine lokale Eigenschaft ist und jeder Punkt im offenen Konvergenzintervall eine Umgebung in so einem kompakten Intervall hat, ist f auf ganz D stetig.

Aber f bleibt auch bis in die Randpunkte des Konvergenzintervalls, in denen die Potenzreihe konvergiert, stetig. Der Beweis dieser Aussage beruht auf einer geistvollen und auch sonst hilfreichen Bemerkung von Abel, der ich mich jetzt zuwende.

Betrachten wir noch einmal den Übergang zwischen Folgen und Reihen: Einer Folge $a = (a_n \mid n \in \mathbb{N}_0)$ ordnen wir die Folge der Partialsummen $A = (A_n \mid n \in \mathbb{N}_0)$ zu, mit

$$A_n := \sum_{k=0}^{n} a_k.$$

Für eine Folge $A = (A_n \mid n \in \mathbb{N}_0)$ haben wir umgekehrt die Folge $a = (a_n \mid n \in \mathbb{N}_0)$, mit

$$a_n := A_n - A_{n-1}, \quad A_{-1} := 0.$$

Wir schreiben auch $A = \sum a$, $A_n = \sum a_n$, und $a = \Delta A$, $a_n = \Delta A_n$. Dann definieren $\sum$ und Δ zwei zueinander inverse lineare Abbildungen des Vektorraumes aller reellen Folgen in sich. Man kann diese Abbildungen als ein diskretes Analogon von Integral und Ableitung ansehen. Insbesondere hat man:

§ 1. POTENZREIHEN — 125

Produktregel. $\Delta(AB)_k = \Delta A_k \cdot B_k + A_{k-1} \cdot \Delta B_k$.

Beweis: $\quad \Delta(AB)_k := A_k B_k - A_{k-1} B_{k-1}$
$$= (A_k - A_{k-1}) B_k + A_{k-1}(B_k - B_{k-1}). \qquad \square$$

Durch Summieren über k von 0 bis n entsteht daraus die Formel, die man **Abelsche Summation** nennt, oder nach der Analogie zur Integralrechnung

(1.4) Partielle Summation.

$$\sum_{k=0}^{n} \Delta A_k \cdot B_k = A_n B_n - \sum_{k=0}^{n} A_{k-1} \cdot \Delta B_k, \quad A_{-1} = B_{-1} := 0. \quad \square$$

Ausgeschrieben, mit einer kleinen Indextranslation in der letzten Summe, sieht das so aus:

$$\sum_{k=0}^{n} a_k B_k = A_n B_n + \sum_{k=0}^{n-1} A_k (B_k - B_{k+1}).$$

Wir kehren zurück zu den Potenzreihen.

(1.5) Abelscher Grenzwertsatz. *Ist eine reelle Potenzreihe auf einem kompakten Intervall in jedem Punkt konvergent, so konvergiert sie dort gleichmäßig und stellt dort folglich eine stetige Funktion dar. Insbesondere stellt eine Potenzreihe auf ihrem Konvergenzintervall eine bis in die Randpunkte, in denen sie konvergiert, stetige Funktion dar.*

Beweis: Nach einer Variablentransformation $x = \pm(z - p)/R$ hat man ohne Beschränkung der Allgemeinheit die Reihe $\sum_{k=0}^{\infty} c_k x^k$, und sie konvergiert in jedem Punkt des Intervalls $[0,1]$. Es ist zu zeigen, daß die Reihe auf diesem Intervall gleichmäßig konvergiert. Sei also $\varepsilon > 0$ und dazu m so groß gewählt, daß $|\sum_{k=m}^n c_k| < \varepsilon$ für alle $n \geq m$. Das ist die Konvergenz für $x = 1$. Auf die Restreihe

$$\sum_{k=0}^\infty c_k x^k - \sum_{k=0}^{m-1} c_k x^k =: \sum_{k=0}^\infty a_k x^k, \qquad a_k := \left\{ \begin{array}{ll} 0 & \text{für } k < m, \\ c_k & \text{für } k \geq m, \end{array} \right.$$

wende partielle Summation (1.4) an, mit dem gegebenen a_k und $B_k = x^k$. Man erhält

$$\sum_{k=0}^n a_k x^k = A_n x^n + \sum_{k=0}^{n-1} A_k (x^k - x^{k+1})$$

$$= A_n x^n + (1 - x) \sum_{k=0}^{n-1} A_k x^k.$$

Nach Wahl von m ist $|A_k| < \varepsilon$ für alle k, also kann man den Betrag der rechten Seite für alle $x \in [0, 1]$ abschätzen durch

$$\varepsilon + (1 - x) \cdot \varepsilon \cdot \sum_{k=0}^{n-1} x^k = \varepsilon(1 + 1 - x^n) \leq 2\varepsilon. \qquad \square$$

Jetzt wollen wir uns der Differential- und Integralrechnung für Potenzreihen zuwenden. Es liegt nahe, eine Potenzreihe einfach gliedweise zu differenzieren und zu integrieren:

$$f = \sum_{n=0}^\infty a_n (x - p)^n, \qquad f' = \sum_{n=1}^\infty n a_n (x - p)^{n-1},$$

$$\int f = c_0 + \sum_{n=0}^\infty \frac{a_n}{n+1} (x - p)^{n+1}.$$

Dieses f' und $\int f$ nennt man die **formale Ableitung** und das **formale Integral**. Man kann sie ja bilden, ob nun die Reihe f konvergiert oder nicht.

(1.6) Satz. *Die formale Ableitung und das formale Integral einer Potenzreihe f haben gleichen Konvergenzradius wie f und stellen im offenen Konvergenzintervall die Ableitung und das Integral von f dar.*

§1. POTENZREIHEN

Beweis: Die Aussage über den Konvergenzradius folgt aus der Definition oder der Formel von Hadamard, denn weil $\lim_{n\to\infty} \sqrt[n]{n} = 1$, ist $\overline{\lim}_{n\to\infty} \sqrt[n]{|a_n|} = \overline{\lim}_{n\to\infty} \sqrt[n]{|na_n|}$. Auch die Behauptung über das Integral sieht man gleich ein, denn liegt das abgeschlossene Intervall zwischen p und x ganz im Konvergenzintervall von f, so konvergiert f dort ja gleichmäßig, also nach (III, 1.12) ist

$$\int_p^x \left(\sum_n a_n(t-p)^n \right) dt = \sum_n \int_p^x a_n(t-p)^n\, dt = \sum_n \frac{a_n}{n+1}(x-p)^{n+1}.$$

Hieraus aber folgt auch die Behauptung über die Ableitung, denn die formale Ableitung f' von f definiert ja nach dem Gesagten auf dem Konvergenzintervall von f eine stetige Funktion mit Integral f, muß also nach dem Hauptsatz der Differential- und Integralrechnung die Ableitung von f sein. $\qquad\square$

Der Beweis ist ein gutes Beispiel dafür, daß mit dem Integral besser zu argumentieren ist, als mit der Ableitung. Den letzten Schluß wollen wir noch allgemein aussprechen:

(1.7) Satz *(Vertauschen von Grenzwert und Ableitung). Sei (f_n) eine Folge stetig differenzierbarer Funktionen auf einem Intervall D. Sei $p \in D$, und die Folge $(f_n(p))$ sei konvergent. Die Folge der Ableitungen f_n' sei auf jedem kompakten Intervall in D gleichmäßig konvergent. Dann konvergiert die Folge (f_n) gegen eine stetig differenzierbare Funktion f, und*

$$f' = (\lim_{n\to\infty} f_n)' = \lim_{n\to\infty} (f_n').$$

Beweis: Es ist $f_n(x) = f_n(p) + \int_p^x f_n'(t)\, dt$, also

$$f(x) = \lim_n f_n(p) + \lim_n \int_p^x f_n'(t)\, dt = \lim_n f_n(p) + \int_p^x \lim_n f_n'(t)\, dt.$$

Also existieren f und f', und $f' = \lim_n (f_n')$, nach dem Hauptsatz. $\qquad\square$

128 IV. POTENZREIHEN UND TAYLORENTWICKLUNG

Übrigens konvergiert auch (f_n) auf jedem kompakten Intervall $[a, b]$ in D gleichmäßig, denn für $p \in [a, b]$ gilt:

$$|f_n - f| \leq |f_n(p) - f(p)| + \left| \int_p (f'_n - f') \right|$$

$$\leq |f_n(p) - f(p)| + \|f'_n - f'\| \cdot (b - a).$$

Die Voraussetzungen des Satzes sind nicht überflüssig, zum Beispiel die Folge $\left(\frac{1}{n} \sin(nx) \right)$ konvergiert gegen 0, aber die Folge $(\cos(nx))$ ihrer Ableitungen nicht.

Zurück zu Potenzreihen: wir dürfen sie gliedweise differenzieren und integrieren. Das führt zu den schönsten Entdeckungen. Zum Beispiel

$$\arctan'(x) = \frac{1}{1 + x^2} = \sum_{k=0}^{\infty} (-)^k x^{2k}, \quad \text{also}$$

$$(1.8) \qquad \arctan(x) = \sum_{k=0}^{\infty} (-)^k \frac{1}{2k + 1} x^{2k+1}.$$

Wir schreiben $(-)^k$ für $(-1)^k$, wie es naheliegt, denn $-- = +$.

Die letztere Reihe konvergiert nach Leibniz auch für $x = 1$ und stellt nach Abel auch dort die Funktion dar, also den Wert $\arctan(1)$. Wir finden somit

$$(1.9) \qquad \pi/4 = 1 - \frac{1}{3} + \frac{1}{5} - \frac{1}{7} + - \cdots$$

Nach demselben Muster erhalten wir

$$\log'(1 + x) = \frac{1}{1 + x} = \sum_{k=0}^{\infty} (-)^k x^k,$$

$$(1.10) \qquad \log(1 + x) = \sum_{k=0}^{\infty} (-)^k \frac{1}{k + 1} x^{k+1},$$

$$\log(2) = 1 - \frac{1}{2} + \frac{1}{3} - \frac{1}{4} + - \cdots .$$

§ 1. POTENZREIHEN

Auch die Exponentialfunktion findet ihre eigentliche Gestalt, in der sie überall in der Mathematik auftritt, als nach dem Quotientenkriterium überall konvergente Potenzreihe:

$$(1.11) \quad e^x = \sum_{k=0}^{\infty} \frac{x^k}{k!} = 1 + x + \frac{1}{2}x^2 + \frac{1}{2\cdot 3}x^3 + \frac{1}{2\cdot 3\cdot 4}x^4 + \cdots$$

Diese Reihe nämlich erfüllt die Gleichungen $f(0) = 1$, $f' = f$, die die Exponentialfunktion charakterisieren.

Schon drängt sich die Frage auf, ob sich nicht "jede" Funktion durch eine Potenzreihe darstellen läßt. Davon wird im nächsten Abschnitt die Rede sein. Jetzt wollen wir zuvor noch einer ganz naheliegenden Frage nachgehen: Wir wissen, wie man Potenzreihen differenziert und integriert, wir wissen wie man beliebige Reihen addiert — nämlich gliedweise. Aber wie multipliziert man Reihen? Das **Cauchy-Produkt** zweier Reihen $\sum_{k=0}^{\infty} a_k$ und $\sum_{\ell=0}^{\infty} b_\ell$ ist die Reihe

$$\sum_{n=0}^{\infty} c_n, \quad c_n = \sum_{k+\ell=n} a_k b_\ell.$$

(1.12) Satz. *Konvergieren die Reihen $\sum_k a_k$ und $\sum_\ell b_\ell$ absolut gegen A und B, so konvergiert ihr Cauchyprodukt absolut gegen*

$$C = A \cdot B.$$

Beweis: Wendet man in naiver Weise auf das Produkt der Reihen $(\sum_k a_k) \cdot (\sum_\ell b_\ell)$ das Distributivgesetz an, so erhält man eine Doppelsumme $\sum_{k,\ell} a_k b_\ell$. Nur ist nicht klar, ob das gerechtfertigt ist und in welcher Reihenfolge die $a_k b_\ell$, $(k, \ell) \in \mathbb{N}_0 \times \mathbb{N}_0$ aufzusummieren sind. Um hier nicht vorzugreifen, ordnen wir die (k, ℓ) in einem Koordinatenschema an:

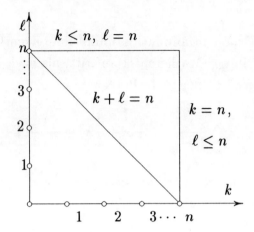

Beim Cauchyprodukt summiert man nacheinander über die Diagonalen $k+\ell = n$, $n = 0,1,2,\ldots$. Sind A_n bzw. B_n die n-ten Partialsummen, so ist $A_n B_n$ die Summe der $a_k b_\ell$ für die Indexpaare (k,ℓ) mit $k,\ell \leq n$, und die der Folge $(A_n B_n)$ entsprechende Reihe summiert nacheinander über die Quadratseiten $\{k = n,\ \ell \leq n\} \cup \{k \leq n,\ \ell = n\}$, $n = 0,1,2,\ldots$. Diese Reihe konvergiert nach Voraussetzung absolut gegen $A \cdot B$. In dieser Situation nun sagt der Umordnungssatz (II, 2.16), daß es auf die Reihenfolge beim Summieren der $a_k b_\ell$ überhaupt nicht ankommt und insbesondere bei der im Cauchyprodukt gewählten Reihenfolge dasselbe herauskommt. Und die Konvergenz des Cauchyprodukts ist absolut, weil

$$\left|\sum_{k+\ell=n} a_k b_\ell\right| \leq \sum_{k+\ell=n} |a_k|\cdot|b_\ell|.$$

Wir wissen ja nach Voraussetzung und dem Gesagten, daß das Cauchyprodukt der Reihen $\sum_k |a_k|$ und $\sum_\ell |b_\ell|$ konvergiert. □

Der Beweis hat gezeigt, daß es überhaupt nicht darauf ankommt, in welcher Reihenfolge man die $a_k b_\ell$ zum Summieren antreten läßt. Insofern scheint das Cauchyprodukt keinen Vorzug zu verdienen, aber der Satz lehrt für Potenzreihen

(1.13) $$\left(\sum_{k=0}^\infty a_k x^k\right)\cdot\left(\sum_{\ell=0}^\infty b_\ell x^\ell\right) = \sum_{n=0}^\infty \left(\sum_{k+\ell=n} a_k b_\ell\right) x^n.$$

§ 1. POTENZREIHEN 131

Die rechte Seite konvergiert im Konvergenzintervall der linken. Hier
entsteht das Cauchyprodukt auf natürliche Weise durch Ordnen nach
Potenzen von x.

Die Voraussetzung im Satz, daß die Reihen absolut konvergieren,
ist nicht überfüssig, wie das Beispiel

$$\sum_{k=0}^{\infty}(-)^k \frac{1}{\sqrt{k+1}}$$

zeigt. Die Reihe konvergiert nach Leibniz, aber ihr Cauchy-Quadrat
hat das allgemeine Reihenglied

$$c_n = (-)^n \sum_{k=0}^{n} \frac{1}{\sqrt{(n-k+1)(k+1)}}.$$

Aber $\sqrt{(n-k+1)(k+1)} \leq \frac{1}{2}(n+2)$, also $|c_n| \geq \frac{2(n+1)}{n+2} \to 2$. Die
Reihe $\sum_n c_n$ ist nicht konvergent.

Der Grenzwertsatz von Abel hat eine merkwürdige Konsequenz
für beliebige Reihen:

(1.13) Bemerkung. *Es sei $\sum_{k=0}^{\infty} a_k = A$, $\sum_{\ell=0}^{\infty} b_\ell = B$, und das
Cauchyprodukt dieser Reihen sei konvergent. Dann konvergiert es
gegen $A \cdot B$.*

Beweis: Die Potenzreihen $\sum_k a_k x^k$, $\sum_\ell b_\ell x^\ell$, $\sum_n c_n x^n$, mit $c_n = \sum_{k+\ell=n} a_k b_\ell$, konvergieren nach Voraussetzung für $x = 1$. Für
$|x| < 1$ gilt folglich nach (1.12)

$$\left(\sum_k a_k x^k\right) \cdot \left(\sum_\ell b_\ell x^\ell\right) = \sum_n c_n x^n.$$

Nach Abel sind dann alle drei Reihen bis zum Punkt $x = 1$ stetig,
und die Gleichung bleibt dort bestehen. $\square$

Funktionen, die sich um jeden Punkt ihres Definitionsgebiets lokal durch eine Potenzreihe darstellen lassen, heißen **analytisch**. Die

Funktionentheorie handelt von diesen Funktionen im Komplexen. Man sieht, daß die Analysis der Potenzreihen weitgehend auf rein algebraisches Rechnen mit Potenzreihen führt.

§ 2. Taylorentwicklung

Die Koeffizienten eines Polynoms oder einer Potenzreihe

$$\varphi(x) = \sum_k a_k (x - p)^k$$

lassen sich durch die Ableitungen von φ an der Stelle p beschreiben, denn es ist ja

$$(2.1) \qquad \frac{d^n}{dx^n}(x - p)^k = \begin{cases} 0 & \text{für } n > k, \\ \frac{k!}{(k-n)!}(x - p)^{k-n} & \text{für } n \leq k. \end{cases}$$

Insbesondere ergibt sich also

$$\frac{d^n \varphi}{dx^n}(p) = n! a_n,$$

$$(2.2) \qquad \varphi(x) = \sum_k \frac{1}{k!} \frac{d^k \varphi}{dx^k}(p) \cdot (x - p)^k.$$

Wir betrachten nun eine beliebige lokal um p definierte Funktion f, die an der Stelle p Ableitungen bis zur n-ten Ordnung besitzt. Das ist immer so gemeint, daß die $(n-1)$-te Ableitung $f^{[n-1]}$ noch in einer Umgebung von p definiert ist. Wir setzen uns die Aufgabe, zu dieser Funktion f ein Polynom φ zu bestimmen, das sich bei p derart an f anschmiegt, daß alle Ableitungen bis zur n-ten von f und φ an der Stelle p übereinstimmen. Die Formel (2.2) zeigt, daß diese Aufgabe auf genau eine Weise zu lösen ist. Auch wenn wir beliebig oft differenzierbare Funktionen lokal um p in eine Potenzreihe entwickeln wollen, so zeigt die Formel (2.2), wie diese Potenzreihe aus den Ableitungen der Funktion im Punkt p zu bestimmen ist.

§ 2. TAYLORENTWICKLUNG

Definition. *Sei f eine in einer Umgebung $p \in \mathbb{R}$ definierte und an der Stelle p selbst n-mal differenzierbare Funktion. Das Polynom*

$$j_p^n f(t) := \sum_{k=0}^{n} \frac{f^{[k]}(p)}{k!} t^k$$

heißt das n-te **Taylorpolynom** *von f bei p oder auch der n-Jet von f bei p. Ist f lokal um p beliebig oft differenzierbar, so heißt die Potenzreihe*

$$j_p f(t) := j_p^{\infty} f(t) := \sum_{k=0}^{\infty} \frac{f^{[k]}(p)}{k!} t^k$$

der **Jet** *oder die* **Taylorreihe** *von f bei p.*

Der n-Jet von f bei p ist also dasjenige Polynom φ vom Grad höchstens n, für das gilt:

$$\varphi^{[k]}(0) = f^{[k]}(p) \quad \text{für} \quad k \leq n,$$

oder wenn man $x - p$ für t einsetzt:

$$\frac{d^k}{dx^k} \Big|_{x=p} \big(\varphi(x - p) - f(x) \big) = 0.$$

Das Symbol $\frac{d^k}{dx^k} \Big|_{x=p} \ldots$ bedeutet: Wert der k-ten Ableitung nach der Variablen x an der Stelle p.

Man nennt auch $j_p^n f(x - p)$ das n-te Taylorpolynom von f bei p. Dieses Polynom schmiegt sich bei p von n-ter Ordnung an f an, und dadurch ist es bestimmt. Es liegt nahe zu vermuten, daß das Taylorpolynom $j_p^n f(x - p)$ für x nahe p eine gute Approximation von f sein wird. Wir schreiben

$$(2.3) \qquad f(x) = j_p^n f(x - p) + r_n(x)$$

und nennen die Funktion r_n das n-te **Restglied** von f bei p. Diese Formel ist insoweit nur die Definition des Restglieds und enthält noch keine Erkenntnis. Wir wissen, daß alle Ableitungen von r_n bis zur n-ten an der Stelle p verschwinden:

$$(2.4) \qquad \frac{d^k}{dx^k} \Big|_{x=p} r_n(x) = 0 \quad \text{für} \quad 0 \leq k \leq n.$$

Das ist die Definition des Taylorpolynoms. Es kommt nun darauf an, aufgrund dieser Information das Restglied abzuschätzen.

(2.5) Taylor-Formel. *Sei f eine $(n+1)$-mal stetig differenzierbare Funktion auf einem Intervall D, und seien $p, x \in D$. Dann gilt:*

$$f(x) = j_p^n f(x - p) + r_n(x),$$

$$r_n(x) = \frac{1}{n!} \int_p^x (x - t)^n f^{[n+1]}(t)\, dt.$$

Beweis: Nur die Integraldarstellung des Restglieds $r(x) = r_n(x)$ enthält eine Behauptung. Weil das Taylorpolynom höchstens den Grad n hat, stimmt die $(n + 1)$-te Ableitung von f und r überein, also wissen wir

$$r^{[k]}(p) = 0 \quad \text{für} \quad 0 \leq k \leq n, \quad r^{[n+1]} = f^{[n+1]}.$$

Das Integral in der Restglieddarstellung des Satzes berechnet man durch partielle Integration:

$$\int_p^x (x - t)^n r^{[n+1]}(t)\, dt = \left[(x - t)^n r^{[n]}(t) \right]_{t=p}^{t=x} + n \int_p^x (x - t)^{n-1} r^{[n]}(t)\, dt.$$

Der erste Summand verschwindet, weil $r^{[n]}(t)$ am Anfang und $(x-t)^n$ am Ende verschwindet. Der zweite hat dieselbe Gestalt wie die linke Seite, mit $n - 1$ statt n. Induktiv erhält man also für das Integral

$$n! \int_p^x (x - t)^0\, r'(t)\, dt = n!\, r(x). \qquad \Box$$

Es gibt viele andere Darstellungen des Restglieds mit unterschiedlichen Tugenden je nach Art der gestellten Aufgabe. Besonders sinnfällig und leicht zu merken ist die

§ 2. TAYLORENTWICKLUNG   135

(2.6) Restglieddarstellung von Lagrange. *Mit Bezeichnungen und Voraussetzungen von (2.5) gilt:*

$$r_n(x) = \frac{(x-p)^{n+1}}{(n+1)!} f^{[n+1]}(\xi)$$

für ein ξ zwischen p und x.

Beweis: Nach dem Mittelwertsatz der Integralrechnung (III, 1.13) haben wir

$$\frac{1}{n!} \int_p^x (x-t)^n f^{[n+1]}(t)\,dt = \frac{1}{n!} f^{[n+1]}(\xi) \int_p^x (x-t)^n\,dt$$

$$= \frac{(x-p)^{n+1}}{(n+1)!} f^{[n+1]}(\xi). \qquad \Box$$

Das Restglied r_n hat hiernach die gleiche Gestalt wie die einzelnen Glieder des vorhergehenden Taylorpolynoms, nur daß die Ableitung nicht an der Stelle p sondern bei ξ zwischen p und x zu nehmen ist. Diese Darstellung zeigt unmittelbar, daß das Restglied $r_n(x)$ für $x \to p$ von höherer als n-ter Ordnung verschwindet, nämlich

$$\lim_{x \to p} r_n(x)/(x-p)^{n+1} = \frac{f^{[n+1]}(p)}{(n+1)!} \ .$$

Setzen wir $r_n(x)/(x-p)^{n+1} =: \psi(x)$, so haben wir

$$f(x) = j_p^n f(x-p) + (x-p)^{n+1}\psi(x),$$

(2.7)

$$\lim_{x \to p} \psi(x) = \frac{f^{[n+1]}(p)}{(n+1)!}.$$

Man erkennt die Analogie zur Definition der Ableitung: Wie wir dort eine Funktion durch ein Polynom vom Grad höchstens 1 (eine affine Funktion) und einen Rest, der für $x \to p$ von höherer Ordnung verschwindet, dargestellt haben, so zerlegen wir hier die Funktion f in ein Polynom vom Grad höchstens n und einen Rest, der für $x \to p$ von höherer als n-ter Ordnung verschwindet.

Man benutzt diese Darstellung einer Funktion mit Gewinn in Konvergenzuntersuchungen. Zum Beispiel suchen wir

$$\lim_{x \to 0} \frac{1 - \cos x}{x^2}.$$

Die ersten Ableitungen von $f(x) = 1 - \cos x$ sind $f(0) = f'(0) = 0$, $f''(0) = 1$. Also $1 - \cos x = \frac{1}{2}x^2 + x^3 \psi(x)$. Der gesuchte Grenzwert ist also $\frac{1}{2}$.

Am wichtigsten ist der Fall einer beliebig oft differenzierbaren Funktion $f : D \to \mathbb{R}$. Jedem Punkt $p \in D$ ist hier durch den Jet die Potenzreihe

$$j_p f(x - p) = \sum_{k=0}^{\infty} \frac{f^{[k]}(p)}{k!} (x - p)^k$$

zugeordnet.

Merke. *Die Taylorreihe einer beliebig oft differenzierbaren Funktion f muß nicht konvergieren. Wenn sie konvergiert, muß sie nicht gegen die Funktion f konvergieren. Aber wenn f überhaupt in einer Umgebung von p durch eine Potenzreihe dargestellt wird, so nur durch ihre Taylorreihe. Und dies gilt genau dann, wenn $r_n(x) \to 0$ für $n \to \infty$.*

Die Reihenentwicklungen von e^x, $\log(1 + x)$ und $\arctan(x)$ im letzten Abschnitt sind also zugleich Taylorentwicklungen. Auch die Sinus- und Kosinusfunktion werden auf ganz $\mathbb{R}$ durch ihre Taylorentwicklungen dargestellt. Die höheren Ableitungen von $\sin$ und $\cos$ sind nämlich stets wieder $\pm \sin$ oder $\pm \cos$. Daher folgt

$$|\sin^{[n]}| \leq 1, \quad |\cos^{[n]}| \leq 1.$$

Die Restglieddarstellung von Lagrange zeigt folglich für diese Funktionen

$$|r_n| \leq \frac{|x - p|^{n+1}}{(n + 1)!} \to 0 \quad \text{für} \quad n \to \infty.$$

§ 2. TAYLORENTWICKLUNG 137

Wählt man als Entwicklungspunkt $p = 0$, so ist

$$\cos^{[2k]}(0) = (-1)^k, \quad \cos^{[2k+1]}(0) = 0.$$

Also erhält man die Reihenentwicklungen

$$(2.8) \qquad \cos(x) = \sum_{k=0}^{\infty} \frac{(-)^k}{(2k)!} x^{2k}, \quad \sin(x) = \sum_{k=0}^{\infty} \frac{(-)^k}{(2k+1)!} x^{2k+1},$$

die letztere Reihe z.B. durch Integration der ersten.

Nicht immer sind die Restglieddarstellungen der Taylorschen Formel das bequemste Mittel zum Beweis, daß die Taylorreihe die gegebene Funktion darstellt. Wir bringen noch die wichtige binomische Reihe. Für eine beliebige reelle Zahl α setze

$$(2.9) \qquad \binom{\alpha}{k} := \frac{\alpha(\alpha - 1) \cdots (\alpha - k + 1)}{1 \cdot 2 \cdot \cdots \cdot k}, \quad \binom{\alpha}{0} := 1.$$

Wie früher rechnet man dann leicht nach, daß dann für alle reellen α gilt

$$(2.10) \qquad \binom{\alpha - 1}{k} + \binom{\alpha - 1}{k - 1} = \binom{\alpha}{k}.$$

(2.11) Binomische Reihe. Für $|x| < 1$ gilt

$$(1 + x)^\alpha = \sum_{k=0}^{\infty} \binom{\alpha}{k} x^k.$$

Beweis: Jedenfalls konvergiert die Reihe nach dem Quotientenkriterium. Der betreffende Quotient ist

$$|a_{k+1}/a_k| = \left| \frac{\alpha - k}{k + 1} \cdot x \right|,$$

und dies geht gegen $|x|$ für $k \to \infty$. Setzen wir nun $f(x) := \sum_k \binom{\alpha}{k} x^k$ für $|x| < 1$, so finden wir

$$(1 + x)f'(x) = (1 + x) \sum_{k=1}^{\infty} k \binom{\alpha}{k} x^{k-1} = \alpha(1 + x) \sum_{k=1}^{\infty} \binom{\alpha - 1}{k - 1} x^{k-1}$$

$$= \alpha \sum_{k=0}^{\infty} \left(\binom{\alpha - 1}{k} + \binom{\alpha - 1}{k - 1} \right) x^k = \alpha f(x).$$

Also $(1+x) \cdot f' = \alpha f$, und $f(0) = 1 = (1+0)^\alpha$. Daraus aber folgt $f(x) = (1+x)^\alpha$, denn setzt man $\varphi(x) := f(x)/(1+x)^\alpha$, so ist

$$\varphi' = \frac{(1+x)^\alpha f' - f \cdot \alpha \cdot (1+x)^{\alpha-1}}{(1+x)^{2\alpha}} = 0. \qquad \square$$

Ist α eine natürliche Zahl, so bricht die Reihe mit dem α-ten Glied ab, darüber ist $\binom{\alpha}{k} = 0$, und man erhält wieder den binomischen Lehrsatz. Die binomische Reihenentwicklung hat viele Anwendungen und schöne

Spezialfälle.

$$(1+x)^{-1} = \sum_k \binom{-1}{k} x^k = \sum_k (-)^k x^k, \quad \text{die geometrische Reihe.}$$

$$(1+x)^{-2} = \sum_k \binom{-2}{k} x^k = \sum_k (-)^k (k+1) x^k.$$

$$\sqrt{1+x} = \sum_k \binom{1/2}{k} x^k$$

$$= 1 + \frac{1}{2}x - \frac{1}{2 \cdot 4}x^2 + \frac{1 \cdot 3}{2 \cdot 4 \cdot 6}x^3 - \frac{1 \cdot 3 \cdot 5}{2 \cdot 4 \cdot 6 \cdot 8}x^4 \pm \cdots$$

Also $\binom{1/2}{k} = (-)^{k+1} \frac{1 \cdot 3 \cdot \, \cdots \, \cdot (2k-3)}{2 \cdot 4 \cdot \, \cdots \, \cdot (2k)}$ für $k \geq 2$.

$$\frac{1}{\sqrt{1+x}} = (1+x)^{-\frac{1}{2}} = 1 - \frac{1}{2}x + \frac{1 \cdot 3}{2 \cdot 4}x^2 - \frac{1 \cdot 3 \cdot 5}{2 \cdot 4 \cdot 6}x^3 \pm \cdots$$

Also $\binom{-1/2}{k} = (-)^k \frac{1 \cdot 3 \cdot 5 \cdot \, \cdots \, \cdot (2k-1)}{2 \cdot 4 \cdot 6 \cdot \, \cdots \, \cdot (2k)}$.

Die binomische Reihe der Wurzel liefert die bei Physikern beliebte Näherung für kleine x:

$$\sqrt{1+x} \approx 1 + \frac{x}{2}.$$

Diese Reihe konvergiert nach Leibniz auch noch für $x = 1$ und liefert die schöne Entwicklung

$$\sqrt{2} = 1 + \frac{1}{2} - \frac{1}{2 \cdot 4} + \frac{1 \cdot 3}{2 \cdot 4 \cdot 6} - \frac{1 \cdot 3 \cdot 5}{2 \cdot 4 \cdot 6 \cdot 8} \pm \cdots .$$

§ 3. Rechnen mit Taylorreihen

Natürlich ist eine solche Reihe nicht zur Berechnung der Wurzel geeignet. Will man $\sqrt{a}$ numerisch berechnen, so beginnt man mit einer guten Schätzung s, sodaß also $a = s^2(1+x)$ für ein kleines x. Dann approximiert man $\sqrt{1+x}$ durch die binomische Reihe. Zum Beispiel:

$$2 = \frac{9}{4}\left(1 - \frac{1}{9}\right), \quad \text{also} \quad \sqrt{2} = 1,5 \cdot \left(1 - \frac{1}{18} - \frac{1}{648} - \cdots\right).$$

Die Sinusfunktion hat die Ableitung

$$\sin' = \cos = \sqrt{1 - \sin^2}.$$

Die Umkehrfunktion arcsin auf dem Intervall $-1 < x < 1$ erfüllt daher

$$\arcsin'(x) = \frac{1}{\sqrt{1 - x^2}}.$$

Also liefert die binomische Reihe

$$\arcsin'(x) = 1 + \frac{1}{2}x^2 + \frac{1 \cdot 3}{2 \cdot 4}x^4 + \frac{1 \cdot 3 \cdot 5}{2 \cdot 4 \cdot 6}x^6 + \cdots.$$

Durch Integration erhält man hieraus die Reihenentwicklung

$$\arcsin(x) = x + \frac{1}{2} \cdot \frac{x^3}{3} + \frac{1 \cdot 3}{2 \cdot 4} \cdot \frac{x^5}{5} + \frac{1 \cdot 3 \cdot 5}{2 \cdot 4 \cdot 6} \cdot \frac{x^7}{7} + \cdots.$$

§ 3. Rechnen mit Taylorreihen

Auch wenn die Taylorentwicklung die betrachtete Funktion nicht darstellt, also nicht oder nicht gegen das Richtige konvergiert, so bleibt sie immer noch die beste Zusammenfassung der Sequenz aller höheren Ableitungen einer Funktion. Wir wollen der Einfachheit halber und ohne Beschränkung der Allgemeinheit den Nullpunkt als Entwicklungspunkt nehmen, also $j^n(f) = j_0^n(f)$ ist das n-te Taylorpolynom am Nullpunkt. Die Taylorentwicklung ist mit rationalen Operation verträglich.

140   IV. POTENZREIHEN UND TAYLORENTWICKLUNG

(3.1) Satz. *Sind* f, g *am Nullpunkt* n-*mal differenzierbar, so ist*

$$j^n(f + g) = j^n(f) + j^n(g),$$
$$j^n(f \cdot g) = j^n(j^n f \cdot j^n g).$$

Sind f, g *beliebig oft differenzierbar, so ist also*

$$j(f + g) = j(f) + j(g), \quad j(f \cdot g) = j(f) \cdot j(g).$$

Dabei ist das letzte das Cauchy-Produkt der beiden Potenzreihen.

Beweis: Die erste Formel bedeutet $(f + g)^{[k]} = f^{[k]} + g^{[k]}$, Ableitungen sind lineare Operatoren. Die zweite sieht man so: Schreibe

$$f = j^n(f) + \tilde{f}, \quad g = j^n(g) + \tilde{g}.$$

Dann gilt für die Reste $\tilde{f}^{[k]}(0) = \tilde{g}^{[k]}(0) = 0$ für $k \leq n$. Wir haben damit

$$f \cdot g = j^n f \cdot j^n g + (\tilde{f}g + \tilde{g} \cdot j^n f).$$

Aber in der Klammer stehen Funktionen, deren Ableitungen am Nullpunkt bis zur n-ten verschwinden, daher

$$j^n(f \cdot g) = j^n(j^n f \cdot j^n g). \qquad \square$$

Diese Produktformel bedeutet: Um das n-te Taylorpolynom von $f \cdot g$ zu berechnen, berechne die von f und g, also $j^n f$, $j^n g$, multipliziere, und lasse alle Terme der Ordnung (d.h. des Exponenten von x) größer als n weg:

$$j_p f = \sum_k \frac{f^{[k]}(p)}{k!} x^k, \quad j_p g = \sum_\ell \frac{g^{[\ell]}(p)}{\ell!} x^\ell,$$

$$j_p(f \cdot g) = \sum_n \sum_{k+\ell=n} \frac{f^{[k]}(p) \cdot g^{[\ell]}(p)}{k! \, \ell!} x^n$$

$$= \sum_n \frac{1}{n!} \Big(\sum_{k+\ell=n} \binom{n}{k} f^{[k]}(p) \, g^{[\ell]}(p) \Big) x^n.$$

§ 3. RECHNEN MIT TAYLORREIHEN 141

Andererseits ist ja nach Definition des Jets

$$j_p(f \cdot g) = \sum_n \frac{(f \cdot g)^{[n]}(p)}{n!} x^n,$$

und ein Koeffizientenvergleich zeigt die

(3.2) Allgemeine Produktregel.

$$\left(f \cdot g\right)^{[n]} = \sum_{k+\ell=n} \binom{n}{k} f^{[k]} \cdot g^{[\ell]}. \qquad \square$$

Dies hätten wir auch direkt durch Induktion zeigen können, aber in der Produktregel

$$j(f \cdot g) = j(f) \cdot j(g)$$

ist dieselbe Tatsache viel besser gefaßt, und sie ist in allgemeinen Überlegungen auch leichter zu benutzen.

Beispiel. Gesucht ist die Taylorreihe $\frac{\log(1+x)}{1+x}$ am Ursprung (Nullpunkt). Es ist

$$\log(1 + x) = -\sum_{k=1}^{\infty} (-)^k \frac{x^k}{k}, \quad (1 + x)^{-1} = \sum_{\ell=0}^{\infty} (-)^\ell x^\ell,$$

also erhalten wir als Produkt für $|x| < 1$ die Entwicklung

$$\frac{\log(1 + x)}{1 + x} = -\sum_{n=1}^{\infty} (-)^n \sum_{k=1}^{n} \frac{1}{k} x^n.$$

Wendet man die Produktregel an, um die ersten Terme der Taylorentwicklung des Produkts auszurechnen, so tut man gut, schon während der Rechnung gleich alle Terme mit x^k, $k > n$, wegzulassen, man rechnet **modulo** Termen höherer als n-ter Ordnung.

Beispiel. Hat $x(1 + x - \cos x)$ ein Extremum am Nullpunkt? Wir berechnen den 2-Jet:

$$j(1 + x - \cos x) = x + \cdots ,$$
$$\implies \quad j(x(1 + x - \cos x)) = x^2 + \cdots .$$

Also hat die Funktion dasselbe lokale Verhalten wie x^2, nämlich ein isoliertes lokales Minimum.

Genügt eine Funktion einer Differentialgleichung oder einer anderen Funktionalgleichung, so ist es oft geschickt, man benutzt zur Berechnung der Taylorreihe die

(3.3) Methode der unbestimmten Koeffizienten. *Man setzt die gesuchte Taylorreihe als Potenzreihe*

$$a_0 + a_1 x + a_2 x^2 + \cdots$$

mit unbekannten Koeffizienten a_j an und sucht diese dann rekursiv aus der gegebenen Gleichung zu bestimmen.

Beispiel. Berechnung der Taylorentwicklung von $\tan(x)$ am Ursprung. Es ist $\tan' = 1 + \tan^2$, $\tan(0) = 0$. Also setzen wir $j_0 \tan(x)$ wie oben als Reihe an, so ist $a_0 = 0$ und

$$j_0 \tan'(x) = \sum_{n=1}^{\infty} n a_n x^{n-1}, \quad 1 + j_0 \tan^2(x) = 1 + \sum_{n=1}^{\infty} \left(\sum_{k=1}^{n-1} a_k a_{n-k} \right) x^n.$$

Also liefert der Koeffizientenvergleich die Rekursionsformel

$$a_0 = 0, \quad a_1 = 1, \quad n a_n = \sum_{k=1}^{n-2} a_k a_{n-k-1}.$$

Man schließt rekursiv $a_{2n} = 0$ und findet

$$\tan(x) = x + \frac{1}{3} x^3 + \frac{2}{15} x^5 + x^7 \cdot \varphi(x).$$

§ 3. Rechnen mit Taylorreihen 143

Die so berechnete oder doch jedenfalls berechenbare Taylorreihe stellt für $|x| < 1$ auch den Tangens dar. Zunächst folgt nämlich aus den Rekursionsformeln induktiv $0 \leq a_n \leq 1$ für alle n, und daher konvergiert die Reihe für $|x| < 1$. Auch erfüllt die Reihe f nach Konstruktion $f' = 1 + f^2$, $f(0) = 0$. Daher ist f' positiv, die Funktion umkehrbar, und die Umkehrfunktion $a(x)$ erfüllt $a'(x) = \frac{1}{1+x^2}$. Dann aber ist $a = \arctan$ und f der Tangens. Die Koeffizienten a_n lassen sich durch die Bernoullizahlen ausdrücken, die auch sonst in der Zahlentheorie und Analysis auftreten — hier ist ein reiches Feld für weiteres Literaturstudium.

Der Jet ist auch mit der Zusammensetzung von Funktionen verträglich. Für den 1-Jet ist das die Kettenregel.

(3.4) Allgemeine Kettenregel. *Gegeben seien n-mal differenzierbare Funktionen*

$$D \xrightarrow{f} B \xrightarrow{g} \mathbb{R}, \quad p \in D, \quad f(p) = q.$$

Dann ist

$$j_p^n(g \circ f) = j_0^n\left(j_q^n(g) \circ (j_p^n f - q)\right).$$

Sind f und g beliebig oft differenzierbar, so ist

$$j_p(g \circ f) = j_q(g) \circ (j_p f - q).$$

Die Formel sagt eigentlich nur: Will man $g \circ f$ bis auf einen Rest höherer als n-ter Ordnung bei p ausrechnen, so braucht man auch f bei p und g bei q nur bis auf einen Rest derselben Ordnung. Dies ist auch der Gedanke zum

Beweis: Wir führen wieder $x - p$ bzw. $y - q$ als neue Variable ein, und haben also ohne Einschränkung $p = q = 0$. Die erste Formel folgt für ein Polynom g unmittelbar aus (3.1). Im allgemeinen setze

$$g = j^n g + \tilde{g},$$

144   **IV. Potenzreihen und Taylorentwicklung**

dann ist

$$j^n(g \circ f) = j^n(j^n g \circ f + \tilde{g} \circ f) = j^n(j^n g \circ j^n f) + j^n(\tilde{g} \circ f),$$

und der letzte Summand verschwindet, wie man aus der Kettenregel und Produktregel leicht durch Induktion nach n schließt.

Die Zusammensetzung der Potenzreihen $jg \circ jf$ ist gerade durch die erste Formel erklärt: Der k-te Koeffizient der Zusammensetzung ist der k-te Koeffizient des Polynoms $j^n g \circ j^n f$ für $n \geq k$.   □

Diese scheinbar etwas abstrakten Regeln enthalten in Wahrheit häufig die beste Rechenanleitung, deren sich denn auch die Physiker oft und gern bedienen. Erhält man zum Beispiel den Auftrag, die dritte Ableitung einer Zusammensetzung $g \circ f$ von Funktionen zu berechnen, so wird man sich nicht mit der Produkt- und Kettenregel mühen, sondern man schreibt

$$j_q^3 g = a_0 + a_1 y + a_2 y^2 + a_3 y^3, \qquad a_j = g^{[j]}(q)/j!,$$
$$j^3 f - q = b_1 x + b_2 x^2 + b_3 x^3, \qquad b_j = f^{[j]}(p)/j!$$

und setzt letzteres für y ein, wobei man in der Rechnung alle Terme mit Exponenten größer 3 von x wegläßt. Als Koeffizienten von x^3 erhält man so

$$(g \circ f)'''/6 = a_1 b_3 + 2 a_2 b_1 b_2 + a_3 b_1^3.$$

Setzen wir für a_j und b_j die Ableitungen ein, so steht da

$$(g \circ f)'''(p) = g'(q) f'''(p) + 3 g''(q) f'(p) f''(p) + g'''(q)\left(f'(p)\right)^3,$$

eine Formel, die sich niemand merken kann. Man sieht, das Rechnen mit den Taylorreihen ist die vernünftige und geschickte Weise, das System aller Ableitungen und ihre Umrechnung bei algebraischen Operationen und Zusammensetzungen zu beschreiben. Es ist das Rechnen bis auf Terme höherer Ordnung. In aller Regel ist ja eine Funktion, über deren lokales Verhalten man Auskunft geben soll, aus allerlei Funktionen, deren Taylorentwicklung man kennt, zusammengesetzt, und man muß also nur die Taylorreihen entsprechend zusammensetzen, soweit sie gebraucht werden.

Wenn in der Situation von (3.4) die Taylorreihen konvergent sind, so konvergiert auch die Taylorreihe der Zusammensetzung jedenfalls in einem gewissen Intervall um den Entwicklungspunkt von f. Das kann man direkt beweisen, aber es lohnt nicht, weil es sich in der Funktionentheorie fast unbemerkt von selbst ergibt.

§ 4. Konstruktion differenzierbarer Funktionen

Bisher haben wir Funktionen betrachtet, die lokal durch ihre Taylorreihe dargestellt werden. Aber wie gesagt, das muß nicht so sein, und es zeigt sich, daß Funktionen mit verschwindender Taylorreihe ein nützliches Hilfsmittel in den geometrischen Konstruktionen der Analysis sind. Grundlegend ist folgendes

(4.1) Beispiel. *Die Funktion* $\lambda : \mathbb{R} \to \mathbb{R}$ *sei definiert durch*
$$\lambda(x) = e^{-1/x^2} \quad \text{für } x \neq 0, \text{ und } \lambda(0) = 0.$$
Sie ist beliebig oft differenzierbar, es ist $0 \leq \lambda < 1$, *und* $\lambda(x) = 0 \iff x = 0$, *und am Nullpunkt verschwinden alle Ableitungen, also der Jet von* λ *ist die Nullreihe.*

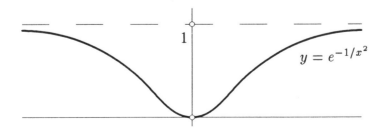

IV. Potenzreihen und Taylorentwicklung

Die Figur zeigt, worauf es ankommt, ist aber nicht numerisch richtig. Der Computer erweckt den Eindruck, als verschwinde λ auf einem Intervall um 0.

Beweis: Nur die Behauptung über die Ableitungen am Nullpunkt sind nicht trivial. Berechnen wir die Ableitungen $\lambda^{[k]}(x)$ für $x \neq 0$, so erhalten wir durch Induktion nach k

$$\lambda^{[k]}(x) = q_k(x) \cdot e^{-1/x^2}$$

mit rationalen Funktionen q_k. Nun folgt die Behauptung aus Lemma (III, 6.9), wenn wir noch zeigen

$$\lim_{x \to 0} \lambda^{[k]}(x) = 0, \quad x \neq 0.$$

Dies ergibt sich aus der allgemeinen Bemerkung, daß für jede rationale Funktion $p \neq 0$ gilt

$$(4.2) \qquad\qquad \lim_{t \to \infty} \frac{p(t)}{e^t} = 0,$$

also wegen $e^{t^2} > e^t$ für $t > 1$ erst recht $\lim_{t \to \infty} p(t)/e^{t^2} = 0$. Dies (4.2) aber folgt direkt aus der Reihenentwicklung der Exponentialfunktion

$$e^t = \sum_{n=0}^{\infty} \frac{t^n}{n!} > \frac{t^{n+1}}{(n+1)!} > t^n \quad \text{für} \quad t > (n+1)!\,,$$

also $t^k/e^t < t^{-1}$ für $t > (k+2)!\,$. $\qquad\qquad\qquad\qquad\quad\square$

Die Funktion λ also hat am Nullpunkt denselben Jet, wie die konstante Funktion 0, obwohl sie außerhalb 0 nie mit ihr übereinstimmt. Allgemeiner hat $f + \lambda$ denselben Jet am Nullpunkt wie f.

Ähnlich wie λ ist auch die Funktion $\mu : \mathbb{R} \to \mathbb{R}$,

$$\mu(x) = e^{-1/x^2} \quad \text{für } x > 0, \text{ und } \mu(x) = 0 \text{ für } x \leq 0,$$

beliebig oft differenzierbar mit Jet 0 am Nullpunkt. Setzen wir nun

§4. Konstruktion differenzierbarer Funktionen   147

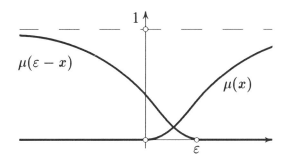

$$\varphi_\varepsilon(x) = \frac{\mu(x)}{\mu(x) + \mu(\varepsilon - x)} \quad \text{für } \varepsilon > 0,$$

so gilt für diese Funktion:

(4.3) $0 \leq \varphi_\varepsilon \leq 1, \quad \varphi_\varepsilon(x) = 0 \iff x \leq 0, \quad \varphi_\varepsilon(x) = 1 \iff x \geq \varepsilon.$

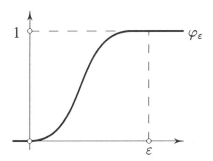

Schließlich erklären wir zu gegebenen $\varepsilon, r > 0$ eine Funktion $\psi = \psi_{\varepsilon,r} : \mathbb{R} \to \mathbb{R}$ durch

$$\psi(x) = 1 - \varphi_\varepsilon(|x| - r).$$

Diese Funktion sieht dann offenbar wie folgt aus:

(4.4) $0 \leq \psi \leq 1, \ \psi(x) = 1 \iff |x| \leq r, \ \psi(x) = 0 \iff |x| \geq r + \varepsilon.$

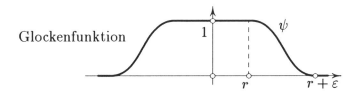

148   IV. POTENZREIHEN UND TAYLORENTWICKLUNG

Auch diese Funktion ist beliebig oft differenzierbar. Am Nullpunkt, wo man zweifeln könnte, ist sie ja lokal konstant. Eine solche Funktion nennt man **Glockenfunktion** — hier um den Nullpunkt. Diese Funktionen sind ein nützliches Hilfsmittel zur Konstruktion differenzierbarer Funktionen mit erwünschten Eigenschaften. Sind zum Beispiel f, g beliebige differenzierbare Funktionen auf $\mathbb{R}$ und setzt man

$$h = (1 - \psi)f + \psi g,$$

so ist $h(x) = g(x)$ für $|x| \leq r$, und $h(x) = f(x)$ für $|x| \geq r + \varepsilon$. Man kann also aus dem Verhalten einer Funktion in einer Umgebung etwa des Nullpunktes nichts über das Verhalten weiter draußen schließen. Das ist ganz anders, wenn die Funktion analytisch ist, denn dann ist sie überall festgelegt, wenn man sie nur lokal um einen Punkt kennt.

Auch für die Frage, wie es mit der Konvergenz der Taylorreihe steht, sind wir jetzt gerüstet.

(4.5) Satz von Borel. *Sei $(a_n)_{n \geq 0}$ eine beliebige reelle Folge. Dann gibt es eine beliebig oft differenzierbare Funktion $f : \mathbb{R} \to \mathbb{R}$ mit*

$$j_0^\infty f(x) = \sum_{n=0}^{\infty} a_n x^n.$$

Also jede Potenzreihe tritt als Taylorreihe auf, auch zum Beispiel die Reihe $\sum_n n! x^n$ mit Konvergenzradius 0.

Beweis: Wir wählen eine Glockenfunktion ψ wie oben mit $r = \varepsilon = \frac{1}{2}$, und setzen

$$\xi(x) = x \cdot \psi(x).$$

Dann stimmt ξ lokal um 0 mit x überein, und ξ verschwindet für $|x| \geq 1$. Dasselbe gilt für die Funktion $c^{-1}\xi(cx)$, $c \geq 1$.

§ 4. KONSTRUKTION DIFFERENZIERBARER FUNKTIONEN 149

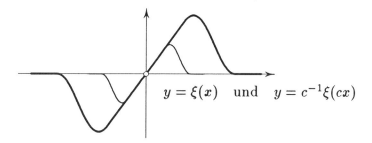

$y = \xi(x)$ und $y = c^{-1}\xi(cx)$

Wir konstruieren nun die gesuchte Funktion als Reihe

$$f(x) = \sum_{k=0}^{\infty} a_k \bigl(c_k^{-1}\xi(c_k x)\bigr)^k$$

mit geeigneten Konstanten $c_k \geq 1$. Offenbar sind wir am Ziel, wenn wir die c_k so wählen können, daß für jedes n die Reihe der n-ten Ableitungen der Glieder normal konvergiert, denn dann darf man die Reihe immer gliedweise differenzieren (1.7), und lokal um 0 ist ja $c_k^{-1}\xi(c_k x) = x$. Und das können wir: Auf dem Intervall $[-1,1]$ ist die n-te Ableitung von ξ^k beschränkt, also $\|(\xi^k)^{[n]}\| < M_{nk}$, und dies gilt dann auf ganz $\mathbb{R}$, weil ξ außerhalb des Intervalls sowieso verschwindet. Nach der Kettenregel ist aber

$$\frac{d^n}{dx^n}\bigl(c^{-1}\xi(cx)\bigr)^k = c^{n-k}(\xi^k)^{[n]}(cx),$$

und wir müssen demnach nur $c_k > 1$ so wählen, daß

$$|a_k| \cdot c_k^{n-k} \cdot M_{nk} < 1/2^k \quad \text{für alle} \quad n < k.$$

Das sind zu festem k jeweils nur endlich viele n, und die Abschätzung

$$\|d^n/dx^n(k\text{-tes Reihenglied})\| < 1/2^k$$

gilt dann bei festem n für fast alle k. □

So kann man z.B. auch eine beliebig oft differenzierbare Funktion $g : [a,b] \to \mathbb{R}$ zu einer beliebig oft differenzierbaren Funktion auf ganz $\mathbb{R}$ fortsetzen: Man verschafft sich mit dem Satz eine beliebig oft differenzierbare Funktion f auf $\mathbb{R}$, die am Punkt a gleichen Jet wie g hat, und setzt g auf die $x < a$ durch dieses f fort. Analog dann für die $x > b$.

Man bezeichnet n-mal stetig differenzierbare Funktionen auch als C^n-**Funktionen** und beliebig oft differenzierbare Funktionen entsprechend als C^∞-**Funktionen**. Es hat sich uns hier gezeigt, daß C^∞-Funktionen sehr anpassungsfähig sind. Darum arbeitet und argumentiert man auch zwischendurch in allgemeinen Konstruktionen und Überlegungen oft mit C^∞-Funktionen, selbst wenn man letztlich an analytischen Funktionen interessiert ist.

§ 5. Komplexe Potenzreihen

Der Körper $\mathbb{R}$ der reellen Zahlen ist ein Unterkörper des Körpers $\mathbb{C}$ der komplexen Zahlen. Dadurch ist $\mathbb{C}$ ein Vektorraum über $\mathbb{R}$, und zwar ein zweidimensionaler Vektorraum mit der Basis $1, i$. Das heißt also: jede komplexe Zahl $z \in \mathbb{C}$ läßt sich eindeutig in der Form

$$z = x + iy, \qquad x, y \in \mathbb{R}$$

schreiben. Es heißt $x = \operatorname{Re}(z)$ der **Realteil** und $y = \operatorname{Im}(z)$ der **Imaginärteil** von z. Mit diesen Zahlen ist nach den Rechenregeln der Körperaxiome zu verfahren, mit der Festlegung

$$i^2 = -1.$$

Das kann man insoweit als Definition der komplexen Zahlen nehmen: Komplexe Zahlen sind Paare reeller Zahlen (x, y) mit komponentenweiser Addition und der Multiplikation

$$(x, y) \cdot (u, v) = (xu - yv, \ xv + yu),$$

wofür wir aber fortan wieder schreiben

$$(x + iy) \cdot (u + iv) = (xu - yv) + i(xv + yu).$$

Wie wir wissen, kann man diesen Körper nicht anordnen. Geometrisch werden die komplexen Zahlen durch die Punkte einer Ebene beschrieben.

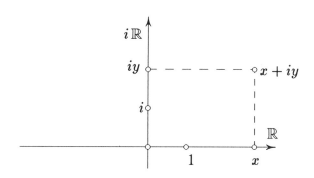

Die Körperaxiome sind für die erklärte Addition und Multiplikation leicht nachzurechnen; entscheidend und nicht ganz trivial ist, daß eine komplex Zahl $z \neq 0$ ein multiplikativ Inverses hat. Das wird gleich mit herauskommen. Man erklärt die **Konjugation**

$$\mathbb{C} \to \mathbb{C}, \quad z = x + iy \mapsto x - iy = \bar{z}, \quad \text{mit } x, y \in \mathbb{R}.$$

Es ist $\overline{(z+w)} = \bar{z} + \bar{w}$ und $\overline{z \cdot w} = \bar{z} \cdot \bar{w}$, die Konjugation ist ein Automorphismus von $\mathbb{C}$. Das rechnet man leicht nach, aber es muß auch herauskommen, weil ja für $-i$ dieselbe Rechenregel gilt, die wir für i einzig benutzen, nämlich auch $(-i)^2 = -1$. Es ist

$$|z|^2 = x^2 + y^2 = (x+iy)(x-iy) = z \cdot \bar{z}.$$

Der **Betrag** $|z|$ ist die positive Wurzel von $|z|^2$, wie zu erwarten, und wir erhalten

$$|z \cdot w|^2 = zw \cdot \overline{zw} = z\bar{z} \cdot w\bar{w} = |z|^2 |w|^2, \quad \text{also}$$

$$|z| \cdot |w| = |z \cdot w|.$$

Der Betrag ist multiplikativ. Ist nun $z \neq 0$, so ist

$$z^{-1} = \bar{z}/|z|^2.$$

Da haben wir das Inverse, und hier wird wesentlich und zum ersten mal benutzt, daß wir nicht von irgendeinem Körper ausgehen, sondern vielmehr wissen, daß $|z|^2 = x^2 + y^2 \neq 0$ für $z \neq 0$ und $x, y \in \mathbb{R}$. Für den Betrag gilt die

Dreiecksungleichung. $\quad |z + w| \leq |z| + |w|$.

Beweis: Nach Definition des Betrages haben wir:

$$|z + w|^2 = (z + w)(\bar{z} + \bar{w}) = |z|^2 + |w|^2 + z\bar{w} + w\bar{z}$$
$$= |z|^2 + |w|^2 + 2\operatorname{Re}(z\bar{w}) \leq |z|^2 + |w|^2 + 2|z||w|,$$

weil allgemein $|\operatorname{Re}(u)| \leq |u|$. Das letzte ist aber $(|z| + |w|)^2$, und die Behauptung folgt, wenn man die Wurzel zieht. $\qquad\square$

Haben wir so einmal die Metrik, die Abstandsmessung auf $\mathbb{C}$, so können wir auch die Begriffe der Konvergenz und Stetigkeit einführen. Wir wollen das im Moment nicht weiter verfolgen sondern nur sagen: Eine Folge komplexer Zahlen (z_n) konvergiert gegen $a \in \mathbb{C}$, wenn $(\operatorname{Re}(z_n)) \to \operatorname{Re}(a)$ und $(\operatorname{Im}(z_n)) \to \operatorname{Im}(a)$, und das bedeutet: Ist $\varepsilon > 0$, so ist $|z_n - a| < \varepsilon$ für fast alle n. Mit den Folgen hat man auch Reihen, und wir können insbesondere komplexe Potenzreihen

$$f(z) = \sum_{k=0}^{\infty} a_k (z - p)^k, \quad a_k \in \mathbb{C}, \quad p \in \mathbb{C},$$

betrachten. Der **Konvergenzradius** dieser Reihe ist definiert als der Konvergenzradius der reellen Potenzreihe $\sum_{k=0}^{\infty} |a_k| x^k$. Auch für komplexe Funktionen $f : D \to \mathbb{C}$ auf einem Gebiet $D \subset \mathbb{C}$ haben wir die Supremumsnorm

$$\|f\|_D = \sup\{|f(z)| \mid z \in D\}$$

und können entsprechend normal konvergente Reihen erklären.

§ 5. KOMPLEXE POTENZREIHEN   153

(5.1) Satz. *Sei $\sum_{k=0}^{\infty} a_k(z-p)^k$ eine komplexe Potenzreihe mit Konvergenzradius $R \in [0, \infty]$, dann gilt:*

Auf jedem Kreis $K_r = \{z \in \mathbb{C} \mid |z - p| \leq r\}$ mit $r < R$ ist die Reihe normal konvergent, also insbesondere gleichmäßig absolut konvergent. Für jedes z mit $|z - p| > R$ divergiert die Folge der Glieder $a_k(z - p)^k$.

Beweis: Auf K_r ist $|a_k(z - p)^k| = |a_k||z - p|^k \leq |a_k|r^k$, also $\|a_k(z - p)^k\|_K \leq |a_k|r^k$, und nach Definition des Konvergenzradius konvergiert die Reihe $\sum_k |a_k|r^k$. Das zeigt die erste Behauptung, und die zweite ist evident, nach Definition von R.   □

So definiert insbesondere jede reelle Potenzreihe eine komplexe, und damit eine komplexe Funktion auf ihrem Konvergenzkreis. Diese komplexen Funktionen sind durch ihre Einschränkung auf $\mathbb{R}$ vollkommen bestimmt, denn diese bestimmt ja schon die Taylorentwicklung. Wir wollen das jetzt gar nicht systematisch weiter untersuchen: das ist der Gegenstand der Funktionentheorie. Aber ein Beispiel ist doch so wichtig und auch für reelle Rechnungen so nützlich, daß wir es gleich kennenlernen müssen: Wir kennen die Funktionen

$$e^z = \sum_{k=0}^{\infty} \frac{z^k}{k!},$$

$$\cos(z) = \sum_{k=0}^{\infty} \frac{(-)^k}{(2k)!} z^{2k}, \quad \sin(z) = \sum_{k=0}^{\infty} \frac{(-)^k}{(2k+1)!} z^{2k+1}$$

jetzt auch als auf ganz $\mathbb{C}$ definierte komplexe Funktionen. Bemerkt man nun

$$i^{4k} = 1, \quad i^{4k+1} = i, \quad i^{4k+2} = -1, \quad i^{4k+3} = -i,$$

so ergibt sich

$$e^{iz} = \sum_{k=0}^{\infty} \frac{(-)^k}{(2k)!} z^{2k} + i \sum_{\ell=0}^{\infty} \frac{(-)^\ell}{(2\ell+1)!} z^{2\ell+1},$$

und das ist die

(5.2) Eulersche Formel.

$$e^{iz} = \cos(z) + i\,\sin(z).$$

Also, weil cos *eine gerade und* sin *eine ungerade Funktion ist:*

$$\cos(z) = \tfrac{1}{2}(e^{iz} + e^{-iz}), \quad \sin(z) = -\tfrac{i}{2}(e^{iz} - e^{-iz}). \qquad \square$$

Eine Funktion f heißt **gerade**, wenn $f(z) = f(-z)$, und **ungerade**, wenn $f(z) = -f(-z)$. Jede Funktion $f : \mathbb{C} \to \mathbb{C}$ zerfällt eindeutig in eine gerade und eine ungerade

$$f(z) = \tfrac{1}{2}\big(f(z) + f(-z)\big) + \tfrac{1}{2}\big(f(z) - f(-z)\big).$$

Die Darstellung der Eulerschen Formel ist sehr geschickt zum Rechnen und enthält alle Additionstheoreme. Auch im Komplexen gilt nämlich

$$(5.3) \qquad\qquad e^{z+w} = e^z \cdot e^w,$$

wie man leicht nachrechnet:

$$e^{z+w} = \sum_n \frac{(z+w)^n}{n!} = \sum_n \sum_k \frac{1}{n!}\binom{n}{k} z^k w^{n-k}$$

$$= \sum_n \sum_k \frac{z^k}{k!} \cdot \frac{w^{n-k}}{(n-k)!} = e^z \cdot e^w. \qquad \square$$

Hier haben wir den Satz über das Cauchy-Produkt von Reihen auch im Komplexen benutzt, was keine Schwierigkeiten macht.

Erhält man zum Beispiel den Auftrag, eine Summe von Produkten von Sinus- und Kosinusfunktionen zu integrieren, so wird man durch die Eulersche Formel auf eine Summe von Produkten von Exponentialfunktionen geführt. Die integriert man ganz formal und wenn es sein muß rechnet man zum Schluß alles in Sinus und Kosinus zurück.

§ 5. Komplexe Potenzreihen

Mit dem Gesagten können wir auch die komplexe Multiplikation geometrisch deuten. Wir schreiben komplexe Zahlen z, w in **Polarkoordinaten**, d.h. in der Form

$$z = r\,(\cos\varphi + i\sin\varphi), \quad w = s\,(\cos\psi + i\sin\psi),$$

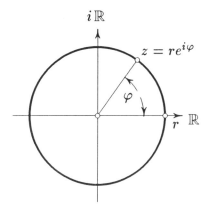

mit $r = |z| \geq 0$, $s = |w| \geq 0$, und etwa $0 \leq \varphi, \psi < 2\pi$, siehe (III, 6.14). Damit ist

$$z = re^{i\varphi}, \quad w = se^{i\psi},$$
$$z \cdot w = (r \cdot s) \cdot e^{i(\varphi+\psi)}.$$

Also die Multiplikation mit z bewirkt die Transformation der Ebene $\mathbb{C}$ durch Drehung um φ, das **Argument** von z, und Streckung (oder Schrumpfung) mit dem Faktor $r = |z|$, dem Betrag von z.

Kapitel V

Konvergenz und Approximation

*C'étaient lex cieux ouverts pour nous
ou du moins pour moi. Je voyais enfin
le pourquoi des choses, ce n'était plus
une recette d'apothicaire tombé du ciel.*

Stendhal

Wir zeigen, wie die Differential- und Integralrechnung helfen kann, auch elementare Fragen über die Konvergenz von Folgen und Reihen zu lösen. Wir erklären uneigentliche Integrale als Verallgemeinerung unendlicher Reihen, und wir benutzen Dirac-Folgen, um den Satz von Weierstraß über die Approximation stetiger Funktionen durch Polynome zu zeigen.

§ 1. Der allgemeine Mittelwertsatz

Hierbei handelt es sich um ein besonders brauchbares Werkzeug der Differentialrechnung für Konvergenzuntersuchungen.

(1.1) Allgemeiner Mittelwertsatz derDifferentialrechnung.
Die Funktionen f und g seien auf dem kompakten Intervall $[a, b]$, $a < b$, stetig und auf dem Inneren (a, b) differenzierbar. Dann gibt es ein $\xi \in (a, b)$, sodaß

$$f'(\xi) \cdot \big(g(b) - g(a)\big) \;=\; g'(\xi) \cdot \big(f(b) - f(a)\big).$$

§ 1. Der allgemeine Mittelwertsatz

Verschwindet g' nirgends auf (a, b), so ist $g(b) \neq g(a)$ und

$$\frac{f(b) - f(a)}{g(b) - g(a)} = \frac{f'(\xi)}{g'(\xi)}.$$

Beweis: Wende den Satz von Rolle auf die Funktion

$$F(x) = \big(f(x) - f(a)\big) \cdot \big(g(b) - g(a)\big) - \big(g(x) - g(a)\big) \cdot \big(f(b) - f(a)\big)$$

an. Die zweite Behauptung folgt, weil g streng monoton ist. $\qquad\square$

Wählt man $g(x) = x$, so erhält man den Mittelwertsatz (III, 3.2) zurück. Klassische Anwendungen sind folgende Regeln:

(1.2) 1. Regel von de l'Hospital. *Seien f und g auf dem Intervall $[a, b]$ stetig und auf dem Inneren (a, b) differenzierbar, und es sei $f(a) = g(a) = 0$, und $g' \neq 0$ auf (a, b). Existiert dann*

$$\lim_{x \to a} \frac{f'(x)}{g'(x)}, \quad \text{so auch} \quad \lim_{x \to a} \frac{f(x)}{g(x)},$$

und beide sind gleich.

Beweis: Der Mittelwertsatz liefert

$$\frac{f(x)}{g(x)} = \frac{f(x) - f(a)}{g(x) - g(a)} = \frac{f'\big(a + \vartheta_x(x - a)\big)}{g'\big(a + \vartheta_x(x - a)\big)}, \quad 0 < \vartheta_x < 1,$$

woraus die Behauptung folgt. $\qquad\square$

Beispiel. Gesucht ist

$$\lim_{n \to \infty} \left(1 + \frac{t}{n}\right)^n.$$

Es gelingt allgemeiner, $\lim_{x \to 0}(1 + tx)^{\frac{1}{x}}$ zu bestimmen. Man logarithmiert und findet

$$\lim_{x \to 0} \log(1 + tx)^{\frac{1}{x}} = \lim_{x \to 0} \frac{\log(1 + tx)}{x} = \lim_{x \to 0} \frac{t}{1 + tx} = t,$$

die zweite Gleichung nach (1.2). Also

$$(1.3) \qquad \lim_{n \to \infty} \left(1 + \frac{t}{n}\right)^n = \lim_{x \to 0} (1 + tx)^{\frac{1}{x}} = e^t.$$

Dies hat eine ganz anschauliche Bedeutung: Verzinst man ein Vermögen v an n aufeinanderfolgenden Zeitpunkten mit dem Zinssatz $a(t/n)$, so hat man am Ende das Vermögen $v(1+at/n)^n$. Für $n \to \infty$ geht dies gegen $v \cdot e^{at}$, die Funktion von t mit konstanter Zuwachsrate a, die also die kontinuierliche Verzinsung beschreibt.

Das hier angewandte Verfahren, auch einen Grenzwert für $x \to \infty$ zu bestimmen, läßt sich allgemein durchführen:

(1.4) 1. Regel von de l'Hospital *(für $\lim_{x \to \infty}$). Seien f und g auf dem Intervall $[b, \infty)$ differenzierbar, sei überall $g' \neq 0$ und $\lim_{x \to \infty} f(x) = \lim_{x \to \infty} g(x) = 0$. Dann ist*

$$\lim_{x \to \infty} \frac{f(x)}{g(x)} = \lim_{x \to \infty} \frac{f'(x)}{g'(x)},$$

falls der rechte Grenzwert existiert.

Beweis: Man darf $b > 0$ voraussetzen. Dann erfüllen $f(t^{-1})$, $g(t^{-1})$ als Funktionen von t die Voraussetzungen der ersten Regel auf dem Intervall $[0, b^{-1}]$, wenn man $f(0^{-1}) = g(0^{-1}) = 0$ setzt. Also gilt mit $x = t^{-1}$.

$$\lim_{x \to \infty} \frac{f(x)}{g(x)} = \lim_{t \to 0} \frac{f(t^{-1})}{g(t^{-1})} = \lim_{t \to 0} \frac{d/dt\big(f(t^{-1})\big)}{d/dt\big(g(t^{-1})\big)}$$

$$= \lim_{t \to 0} \frac{df/dx(t^{-1}) \cdot dx/dt}{dg/dx(t^{-1}) \cdot dx/dt} = \lim_{x \to \infty} \frac{f'(x)}{g'(x)}. \qquad \square$$

(1.5) 2. Regel von de l'Hospital. *Die Funktionen f und g seien auf dem Intervall $[a, b)$ differenzierbar. Sei überall $g' \neq 0$, und es sei $\lim_{x \to b} g(x) = \infty$. Dann ist*

$$\lim_{x \to b} \frac{f(x)}{g(x)} = \lim_{x \to b} \frac{f'(x)}{g'(x)},$$

§1. DER ALLGEMEINE MITTELWERTSATZ

falls der rechte Grenzwert existiert. Die Regel gilt auch für $b = \infty$.

Beweis: Jedenfalls ist in einer Umgebung von b stets $g > 0$ und auch $g' > 0$, denn wäre stets $g' < 0$, so müßte g ja monoton fallen und könnte nicht gegen ∞ gehen. Wir dürfen allgemein $g > 0$, $g' > 0$ annehmen. Sei nun $\lim_{x \to b}\big(f'(x)/g'(x)\big) = q$. Dann ist für ein $\delta > 0$ und $b - \delta < x < b$ somit

$$q - \varepsilon < f'/g' < q + \varepsilon.$$

Ist insbesondere $b - \delta < p < x < b$, so erhalten wir nach dem Mittelwertsatz

$$q - \varepsilon < \frac{f(x) - f(p)}{g(x) - g(p)} < q + \varepsilon,$$

also $(q - \varepsilon)g(x) + c < f(x) < (q + \varepsilon)g(x) + d$ mit Konstanten c, d, und folglich

$$q - \varepsilon + \frac{c}{g(x)} < \frac{f(x)}{g(x)} < q + \varepsilon + \frac{d}{g(x)}.$$

Weil aber $g(x) \to \infty$ für $x \to b$, folgt $q - 2\varepsilon < f(x)/g(x) < q + 2\varepsilon$, also $|f(x)/g(x) - q| < 2\varepsilon$, wenn $|x - b|$ genügend klein ist. □

Beispiel: Seien $f(x) = \sum_{k=0}^{n} a_n x^n$ und $g(x) = \sum_{k=0}^{n} b_n x^n$ Polynome vom Grad n, dann ist

$$\lim_{x \to \infty} \frac{f(x)}{g(x)} = \frac{a_n}{b_n}.$$

Das ergibt sich durch n-maliges Anwenden der 2. Regel.

Die zweite Regel ist nützlicher als die erste, die kaum mehr liefert als die Taylorformel. Auch die Taylorformel kann man unmittelbar aus dem allgemeinen Mittelwertsatz gewinnen, man erhält sogar eine etwas schärfere Fassung der

(1.6) Restglieddarstellung von Lagrange. *Die Funktion f sei $(n+1)$-mal differenzierbar in dem ganzen Intervall $\{p+tx \mid 0 \leq t \leq 1\}$.*

Dann gilt:

$$f(p + x) = j_p^n f(x) + \frac{f^{[n+1]}(p + \vartheta x)}{(n+1)!} x^{n+1}, \quad 0 < \vartheta < 1.$$

Die Verschärfung liegt darin, daß ϑ nicht 0 oder 1 ist, und daß $f^{[n+1]}$ nicht stetig sein muß.

Beweis: Als f im allgemeinen Mittelwertsatz wählen wir das Restglied $r(x) = f(p + x) - j_p^n f(x)$, und als g die Funktion x^{n+1}. Dann steht da

$$\frac{r(x)}{x^{n+1}} = \frac{r'(\vartheta_1 x)}{(\vartheta_1 x)^n} \cdot \frac{1}{n+1}, \quad 0 < \vartheta_1 < 1.$$

Nach weiterer n-maliger Anwendung landet man bei

$$\frac{r(x)}{x^{n+1}} = \frac{1}{(n+1)!} \cdot \frac{r^{[n+1]}(\vartheta_1 \cdot \ldots \cdot \vartheta_{n+1} x)}{1} = \frac{f^{[n+1]}(p + \vartheta x)}{(n+1)!},$$

mit $\vartheta = \vartheta_1 \cdot \ldots \cdot \vartheta_{n+1}$. $\square$

§ 2. Uneigentliche Integrale

Haben wir im vorigen Abschnitt gesehen, daß die Differentialrechnung ein starkes Hilfsmittel für Konvergenzuntersuchungen ist, so wollen wir hier sehen, was das Integral in dieser Hinsicht bringt. Wir betrachten eine Funktion

$$f : [a, b) \to \mathbb{R}, \quad a < b, \quad b \in \bar{\mathbb{R}},$$

sodaß die Einschränkung von f auf jedes Intervall $[a, x]$, $a \leq x < b$ integrabel ist. Dann ist das **uneigentliche Integral**

$$\int_a^b f(t) \, dt := \lim_{x \to b} \int_a^x f(t) \, dt.$$

§ 2. Uneigentliche Integrale 161

Diese Bildung ist analog zur Bildung der Reihe $\sum_{k=0}^{\infty} f_k$ aus einer Folge (f_k). Den Partialsummen $F_n = \sum_{k=0}^{n} f_k$ entsprechen hier die **Partialintegrale**

$$F(x) := \int_a^x f(t) \, dt,$$

und wie bei Reihen nennen wir auch diese Stammfunktion F das **uneigentliche Integral** $\int_a^b f$ und sagen, dieses **konvergiert**, falls $F(x)$ für $x \to b$ konvergiert. Ist umgekehrt F gegeben und stetig differenzierbar, so ist

$$F(x) = F(a) + \int_a^x F'(t) \, dt,$$

und daß F für $x \to b$ konvergiert, besagt dasselbe, wie daß das uneigentliche Integral von F' existiert.

Tatsächlich kann man Reihen als spezielle uneigentliche Integrale ansehen. Ist nämlich $\sum_{k=0}^{\infty} f_k$ eine Reihe, und erklären wir eine Funktion $f : [0, \infty) \to \mathbb{R}$ durch $f(t) = f_k$ für $k \le t < k+1$, so ist

$$(2.1) \qquad \int_0^{\infty} f(t) \, dt = \sum_{k=0}^{\infty} f_k,$$

wenn eines von beiden konvergiert. Ist nämlich $F(x) = \int_0^x f(t) \, dt$, so ist $F(n)$ die n-te Partialsumme der Reihe, und für $n \le x < n+1$ ist $|F(n) - F(x)| = |\int_n^x f_n| = |f_n|(x-n) \le |f_n|$. Konvergiert nun die Reihe gegen a, so ist schließlich $|F(n) - a| < \varepsilon/2$ und $|f_n| < \varepsilon/2$, also für genügend große x auch $|F(x) - a| < \varepsilon$. Umgekehrt, wenn $F(x)$ für $x \to \infty$ konvergiert, so insbesondere $F(n)$ für $n \to \infty$, und zwar gegen dasselbe.

Die Konvergenzsätze für Reihen lassen sich weitgehend auf uneigentliche Integrale übertragen.

(2.2) Satz über monotone Konvergenz. *Ist $f \geq 0$, so ist das uneigentliche Integral $\int_a^b f(t)\,dt$ genau dann konvergent, wenn es beschränkt ist.*

(2.3) Majorantenkriterium. *Ist $0 \leq f \leq g$ und konvergiert das uneigentliche Integral $\int_a^b g(t)\,dt$, so auch $\int_a^b f(t)\,dt$.*

Beweis: (2.3) folgt aus (2.2), denn $\int_a^x f \leq \int_a^x g \leq \int_a^b g$. Für (2.2) setze $s = \sup\{F(x)\,|\,x \in [a,b)\}$. Sei $s < \infty$. Weil das Partialintegral $F(x)$ mit x monoton wächst und für ein x größer als $s - \varepsilon$ ist, so ist es fortan immer zwischen $s - \varepsilon$ und s, also es konvergiert gegen s. Ist $s = \infty$, so ergibt sich ganz analog $\lim_{x \to b} F(x) = \infty$. $\qquad\square$

Betrachten wir als Beispiel die Funktionen auf $\{x \geq 1\}$

$$f(x) = x^{-\alpha}, \qquad \alpha > 0.$$

Es ist $F(x) = \int_1^x t^{-\alpha}\,dt = \frac{1}{\alpha - 1}(1 - x^{1-\alpha})$ für $\alpha \neq 1$. Folglich divergiert $\int_1^\infty t^{-\alpha}\,dt$ für $\alpha < 1$, und

$$(2.4) \qquad\qquad \int_1^\infty t^{-\alpha}\,dt = \frac{1}{\alpha - 1} \quad \text{für} \quad \alpha > 1.$$

Für $\alpha = 1$ ist $F(x) = \int_1^x t^{-1}\,dt = \log(x)$, und dies geht gegen ∞ für $x \to \infty$.

Dies sieht viel einfacher aus, als die entsprechenden Aussagen über die Reihen $\sum_n 1/n^\alpha$, denn hier wird das Ergebnis ja mit Schulkenntnissen und ohne jeden Trick und Einfall gewonnen. Indessen zeigt sich hier eben die überlegene Kraft des Kalküls der Differential- und Integralrechnung. Man erhält nämlich jetzt aus der Berechnung uneigentlicher Integrale durch Vergleich genauere Auskunft über Reihen. Betrachten wir allgemein eine nie negative, monoton fallende Funktion $f : \mathbb{R}_+ \to \mathbb{R}$. Wir vergleichen das uneigentliche Integral $\int_1^\infty f(t)\,dt$ mit der Reihe $\sum_{k=1}^\infty f(k)$.

§ 2. Uneigentliche Integrale

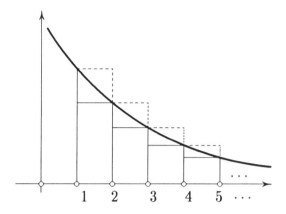

Aus der Monotonie ergibt sich

$$(2.5) \qquad f(k+1) \leq \int_k^{k+1} f \leq f(k).$$

Summation von 1 bis n liefert

$$(2.6) \qquad \sum_{k=2}^{n+1} f(k) \leq \int_1^{n+1} f \leq \sum_{k=1}^n f(k).$$

Dies zeigt schon, daß die Reihe $\sum_{k=1}^\infty f(k)$ genau dann konvergiert, wenn das uneigentliche Integral $\int_1^\infty f(t)\,dt$ konvergiert. Aus (2.5) sieht man, daß die Folge

$$n \mapsto \sum_{k=1}^n f(k) - \int_1^{n+1} f(t)\,dt =: a_n$$

nicht negativ ist und monoton wächst, und aus (2.6) ergibt sich die Abschätzung

$$(2.7) \qquad a_n \leq f(1) - f(n+1).$$

Daraus folgt, daß (a_n) konvergiert. Geht übrigens $f(t) \to 0$ für $t \to \infty$, so konvergiert die Folge

$$n \mapsto \sum_{k=1}^n f(k) - \int_1^n f(t)\,dt$$

164 V. Konvergenz und Approximation

gegen denselben Grenzwert wie (a_n). Wir fassen zusammen.

(2.8) Satz. *Sei* $f : \mathbb{R}_+ \to \mathbb{R}$ *eine nie negative, monoton fallende Funktion. Dann ist die Folge* (a_n) *mit*

$$a_n = \sum_{k=1}^{n} f(k) - \int_1^{n+1} f(t)\, dt$$

nie negativ, sie wächst monoton, und sie konvergiert, mit

$$0 \leq \lim_{n \to \infty} a_n \leq f(1).$$

Das uneigentliche Integral $\int_1^\infty f(t)\, dt$ *konvergiert genau wenn die Reihe* $\sum_{k=1}^\infty f(k)$ *konvergiert.* $\square$

Dies gibt schon eine treffliche Abschätzung der Reihe $\sum f(k)$, wenn man das uneigentliche Integral berechnen kann. Auf die Funktion $t^{-\alpha}$ zurückzukommen, hier erhalten wir aus (2.6) die Abschätzung mit lauter echten (!) Ungleichungen

$$\int_1^\infty t^{-\alpha}\, dt < \sum_{k=1}^\infty k^{-\alpha} < 1 + \int_1^\infty t^{-\alpha}\, dt, \quad \text{d.h.}$$

(2.9)

$$\frac{1}{\alpha - 1} < \sum_{k=1}^\infty k^{-\alpha} < \frac{\alpha}{\alpha - 1} \quad \text{für} \quad \alpha > 1.$$

Für $\alpha > 1$ schreibt man $\zeta(\alpha) := \sum_{k=1}^\infty k^{-\alpha}$ und nennt diese Funktion die Riemannsche **Zeta-Funktion**. Sie spielt, freilich erst nach Ausdehnung auf die Ebene der komplexen Zahlen, eine große Rolle in der Zahlentheorie. Unsere Abschätzung zeigt zum Beispiel $\lim_{\alpha \to \infty} \zeta(\alpha) = 1$, was man der Reihe selbst nicht ohne weiteres ansieht, und sie zeigt, wie $\zeta(\alpha)$ für $\alpha \to 1$ wächst. Für $\alpha = 1$ bringt (2.6) die Abschätzung

(2.10)
$$\log(n+1) \leq \sum_{k=1}^{n} \frac{1}{k} \leq 1 + \log(n).$$

§ 2. UNEIGENTLICHE INTEGRALE 165

Die nach (2.8) konvergente Folge $\left(\sum_{k=1}^{n} k^{-1} - \log(n)\right)$ hat als Grenzwert die

Eulersche Konstante. $\lim_{n \to \infty} \left(1 + \frac{1}{2} + \frac{1}{3} + \cdots + \frac{1}{n} - \log(n)\right)$.
Ihr Wert ist $0,5772\ldots$. So sehen wir auch gut, wie die harmonische Reihe wächst.

Man kann nach der Analogie zwischen Reihen und uneigentlichen Integralen die Konvergenzkriterien für Reihen, die wir kennengelernt haben, auf uneigentliche Integrale übertragen. Von theoretischer Bedeutung ist insbesondere das Cauchy-Kriterium.

(2.11) Cauchy-Kriterium. *Sei* $F : D \to \mathbb{R}$ *eine Funktion,* $b \in \bar{\mathbb{R}}$, *und es gebe mindestens eine Folge* (x_n) *in* D, *die gegen* b *konvergiert. Dann existiert* $\lim_{x \to b} F(x)$ *genau dann, wenn folgendes gilt: Zu jedem* $\varepsilon > 0$ *existiert ein* $\delta > 0$, *sodaß für alle* $x, z \in D$ *gilt: Sind* x *und* z *in der* δ*-Umgebung von* b, *so ist* $|F(x) - F(z)| < \varepsilon$.

Beachte, daß die Funktion F nur auf dem angegebenen Definitionsgebiet D betrachtet wird, also überhaupt nur Folgen (x_n) in D für die Grenzwertbildung zugelassen sind.

Beweis: Angenommen $\lim_{x \to b} F(x) = a$ existiert, so gibt es zu $\varepsilon > 0$ ein $\delta > 0$ derart, daß $|F(x) - a| < \varepsilon/2$ und $|F(z) - a| < \varepsilon/2$, immer wenn x, z in der δ-Umgebung von b liegen. Damit ist dann auch $|F(x) - F(z)| < \varepsilon$, wie gefordert.

Angenommen, die Bedingung des Satzes ist erfüllt. Sei (x_n) irgendeine Folge in D, die gegen b konvergiert. Wir müssen zeigen, daß dann auch $\left(F(x_n)\right)$ konvergiert. Nun, ist $\varepsilon > 0$ und dazu δ nach der Bedingung im Satz gewählt, so ist schließlich $x_n \in U_\delta(b)$. Also gelte dies etwa für $n \geq m$.

Dann sagt aber die Bedingung im Satz: $|F(x_m) - F(x_{m+k})| < \varepsilon$. Mit anderen Worten, die Folge $\left(F(x_n)\right)$ ist eine Cauchy-Folge, und konvergiert. Wir haben noch zu zeigen, daß der Grenzwert nicht von der Wahl der Folge $(x_n) \to b$ abhängt. Aber hat man eine andere Folge $(z_n) \to b$ in D, so konvergiert ja auch die Folge u_n mit $u_{2n} = x_n$, $u_{2n+1} = z_n$ gegen b, also $(F(u_n))$ konvergiert nach dem Gesagten, und zwar gegen dasselbe, wie beide Teilfolgen $(F(x_n))$ und $(F(z_n))$. □

Wir wollen dies insbesondere auf uneigentliche Integrale

$$F = \int_a^b f(x)\,dx, \quad f : [a,b) \to \mathbb{R}$$

anwenden. Das Integral heißt **absolut konvergent**, wenn

$$\int_a^b |f(x)|\,dx$$

konvergiert.

(2.12) Bemerkung. *Ein absolut konvergentes uneigentliches Integral konvergiert.*

Beweis: Dies folgt wie früher aus dem Cauchy-Kriterium und der verallgemeinerten Dreiecksungleichung

$$\left| \int_z^u f(x)\,dx \right| \leq \int_z^u |f(x)|\,dx \quad \text{für} \quad z \leq u. \qquad □$$

So liefert der Vergleich von Funktionen mit den schon behandelten Funktionen $t^{-\alpha}$ das folgende hilfreiche Kriterium: Man sagt, eine Funktion $f : [a, \infty) \to \mathbb{R}$ **verschwindet von höherer als erster Ordnung** für $t \to \infty$, falls es ein $b \geq a$ und ein $\alpha > 1$, sowie eine Schranke K gibt, derart daß

$$|f(t)| \cdot t^\alpha \leq K \quad \text{für} \quad t \geq b.$$

§ 2. UNEIGENTLICHE INTEGRALE   167

(2.13) Konvergenzkriterium. *Wenn $f : [a, \infty) \to \mathbb{R}$ für $t \to \infty$ von höherer als erster Ordnung verschwindet, so konvergiert das Integral*

$$\int_a^\infty f(t)\,dt$$

absolut. Ist hingegen $f(t) \cdot t \geq K > 0$ für $t \geq b$, so divergiert das Integral.

Beweis: Im ersten Fall ist $|f(t)| \leq Kt^{-\alpha}$ für $t \geq b$, und $\int_a^\infty t^{-\alpha}\,dt$ konvergiert. Im zweiten Fall ist $f \geq K/t$ für $t \geq b$, und $\int_a^\infty Kt^{-1}\,dt$ divergiert. Hier haben wir das Vorherige im Fall $b = \infty$ angewandt.

$\square$

Zum Beispiel ist $\frac{1}{1+x^2} \leq \frac{1}{x^2}$, und daher konvergiert $\int_0^\infty \frac{dx}{1+x^2}$, und zwar, wie wir ja wissen, gegen $\lim_{x\to\infty} \arctan(x) = \pi/2$.

Nicht immer stößt man hier auf schon bekannte Funktionen. Uneigentliche Integrale bilden ein wichtiges Mittel zur Konstruktion von bedeutungsvollen Konstanten und Funktionen in der Analysis. Ein klassisches Beispiel ist die **Gamma-Funktion**

$$\Gamma(t) := \int_0^\infty x^{t-1} \cdot e^{-x}\,dx \quad \text{für} \quad t > 0.$$

Dieses Integral ist in der Tat absolut konvergent, denn $x^2(x^{t-1}e^{-x})$ $= x^{t+1}e^{-x} \to 0$ für $x \to \infty$. Bei Null hat man entsprechend die Majorante x^{t-1}. Man bildet hier also einen beidseitigen Grenzwert $\lim_{a\to 0} \lim_{b\to\infty} \int_a^b x^{t-1}e^{-x}\,dx$. Durch partielle Integration erhält man

$$\Gamma(t) = \int_0^\infty x^{t-1}e^{-x}\,dx = \left[-x^{t-1}e^{-x}\right]_0^\infty + (t-1)\int_0^\infty x^{t-2}e^{-x}\,dx$$

$$= (t-1)\,\Gamma(t-1), \quad t > 1.$$

Nun ist $\Gamma(1) = \int_0^\infty e^{-x}\,dx = \left[-e^{-x}\right]_0^\infty = 1$, also folgt induktiv

$$(2.14) \qquad\qquad \Gamma(n) = (n-1)!$$

Die Funktionalgleichung $\Gamma(t) = (t-1)\Gamma(t-1)$ benutzt man, um $\Gamma(t)$ auch für negative t zu erklären. Die Γ-Funktion ist allgegenwärtig in der Zahlentheorie, aber als Interpolationsfunktion von $n!$ auch in der Statistik.

Bei der Integraldarstellung der Γ-Funktion haben wir eben in beiden Grenzen uneigentliche Integrale betrachtet. Zum Gebrauch im nächsten Abschnitt definieren wir:

$$\int\limits_{-\infty}^{\infty} := \int\limits_{0}^{\infty} - \int\limits_{0}^{-\infty} .$$

Natürlich hätte man das Integral auch an irgendeiner anderen Stelle statt am Nullpunkt zerlegen können.

Schließlich kann man natürlich uneigentliche Integrale auch nach der Transformationsformel transformieren. Betrachten wir als Beispiel das **Fresnelsche Integral**

$$\int\limits_{0}^{\infty} \sin(t^2)\,dt = \lim_{x\to\infty} \int\limits_{0}^{x} \sin(t^2)\,dt = \lim_{x\to\infty} \frac{1}{2} \int\limits_{0}^{x^2} \frac{\sin(u)}{\sqrt{u}}\,du,$$

mit Transformation $u = t^2$, $du = 2t\,dt = 2\sqrt{u}\,dt$. Das letzte Integral konvergiert. Das sieht man leicht mit dem Leibniz-Kriterium, indem man das Integrationsintervall an den Stellen $k\pi$, $k = 0, 1, 2, \ldots$ zerlegt. Man erhält dann eine alternierende Reihe mit monoton gegen Null gehenden Gliedern. Bemerkenswert an dem Beispiel ist, daß der Integrand $\sin(t^2)$ nicht gegen Null konvergiert.

Das Integral (mit gleicher Transformation)

$$\int\limits_{0}^{\infty} 2t\sin(t^4)\,dt = \int\limits_{0}^{\infty} \sin(u^2)\,du$$

ist gar konvergent, obwohl der Integrand unbeschränkt ist. Das allein bringt eben noch nicht so viel, das Integral der einzelnen Wellen und Täler geht doch gegen Null, weil sie so schmal werden:

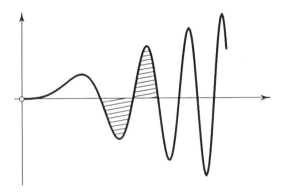

Manchmal gelingt es, ein uneigentliches Integral in ein eigentliches zu transformieren, wie zum Beispiel

$$\int_0^1 \frac{dt}{\sqrt{1-t^2}} = \int_0^{\pi/2} du = \pi/2,$$

$$t = \sin(u), \quad dt = \cos(u)\,du = \sqrt{1-t^2}\,du.$$

Näheres über das wirkliche Ausrechnen unbestimmter Integrale lehrt in erhellender Weise die Funktionentheorie.

§ 3. Dirac-Folgen

Physiker erzählen von einer Dirac-Funktion $\delta : \mathbb{R} \to \mathbb{R}$ mit folgenden Eigenschaften:

(i) $\delta(t) = 0$ für $t \neq 0$; (ii) $\delta(0) = \infty$; (iii) $\int_{-\infty}^{\infty} \delta(t)\,dt = 1$.

Und Sie behaupten dann, es gelte für beliebige stetige Funktionen $f : \mathbb{R} \to \mathbb{R}$:

(iv) $\int\limits_{-\infty}^{\infty} \delta(x-t)\, f(t)\, dt = \int\limits_{-\infty}^{\infty} \delta(t)\, f(x-t)\, dt = f(x)$.

Freilich gibt es solche Funktionen nicht, und auf die Theorie der Distributionen, in der man den Funktionsbegriff so erweitert, daß die letzte Gleichung ganz richtig herauskommt, wollen wir uns hier nicht einlassen. Nur so viel: die letzte Gleichung ist das Wesentliche, Gleichung (iii) ist der Spezialfall $f = 1$, Gleichung (i) hat wenig zu bedeuten, und (ii) noch weniger als nichts. Uns genügt zu sagen, daß man doch Funktionenfolgen angeben kann, die das Verhalten der Dirac-Funktion approximieren.

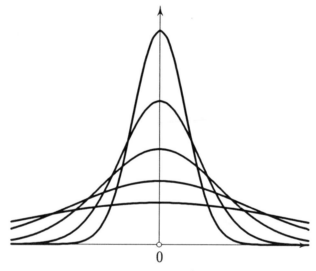

Definition. *Eine* **Dirac-Folge** *ist eine Folge stetiger Funktionen $\delta_n : \mathbb{R} \to \mathbb{R}$ mit folgenden Eigenschaften:*

(D1) $\delta_n \geq 0$.

(D2) $\int_{-\infty}^{\infty} \delta_n(t)\, dt = 1$.

(D3) *Sind $\varepsilon, \eta > 0$, so gilt für fast alle n:*

$$\int\limits_{-\infty}^{-\eta} \delta_n(t)\, dt + \int\limits_{\eta}^{\infty} \delta_n(t)\, dt < \varepsilon.$$

§ 3. DIRAC-FOLGEN   171

Behauptungen über δ-Funktionen wollen wir dann als Aussagen über das Grenzverhalten von Dirac-Folgen δ_n für $n \to \infty$ interpretieren.

Man kann eine Funktion δ_n mit den Eigenschaften (D1), (D2) als Wahrscheinlichkeitsmaß deuten, in dem Sinne, daß man die Punkte eines Intervalls $[a, b]$ mit der Wahrscheinlichkeit $\int_a^b \delta_n(t)\, dt$ trifft. Das Integral

$$\int\limits_{-\infty}^{\infty} f(t)\, \delta_n(x - t)\, dt$$

ist dann ein entsprechend gewichtetes Mittel von f, der Erwartungswert, wenn jeder Punkt t mit der Wahrscheinlichkeitsdichte $\delta_n(x-t)$ gewichtet wird. Wird n groß, so wird es sehr unwahrscheinlich, daß man einen Punkt außerhalb einer gegebenen η-Umgebung von x trifft, und der Erwartungswert wird sich $f(x)$ nähern. Die Dirac-Funktion bezeichnet den Grenzfall der Zwangslage, wo der Punkt x mit Wahrscheinlichkeit 1 getroffen und mit Wahrscheinlichkeit 0 verfehlt wird. Dann ist der Erwartungswert natürlich gleich $f(x)$. In der Mechanik kann man den Übergang von (δ_n) zu δ ähnlich deuten als Übergang von kontinuierlichen bei x immer stärker konzentrierten Dichten zum Massenpunkt. Und nun vom Deuten zum Beweisen.

(3.1) Satz über Dirac-Approximation. Sei $f : \mathbb{R} \to \mathbb{R}$ beschränkt und auf jedem kompakten Intervall integrabel. Sei $D \subset \mathbb{R}$ ein kompaktes Intervall und f an jedem Punkt aus D stetig. Setze

$$f_n(x) := (\delta_n * f)(x) := \int\limits_{-\infty}^{\infty} f(t)\, \delta_n(x - t)\, dt,$$

für eine Dirac-Folge δ_n. Dann konvergiert (f_n) auf D gleichmäßig gegen f.

Beweis: Transformiert man das Integral mit $\tau = x - t$ als neuer

Integrationsvariable, so ergibt sich

$$f_n(x) = - \int\limits_{\infty}^{-\infty} f(x - \tau)\, \delta_n(\tau)\, d\tau = \int\limits_{-\infty}^{\infty} f(x - t)\, \delta_n(t)\, dt.$$

Das sagt, daß die sogenannte **Faltung** $\delta_n * f$ symmetrisch in δ_n und f ist. Andererseits ist

$$f(x) = f(x) \int\limits_{-\infty}^{\infty} \delta_n(t)\, dt = \int\limits_{-\infty}^{\infty} f(x)\, \delta_n(t)\, dt,$$

und damit stellt sich die Differenz dar als

(i) $$f_n(x) - f(x) = \int\limits_{-\infty}^{\infty} \left(f(x - t) - f(x) \right) \delta_n(t)\, dt.$$

Dies haben wir unabhängig von x abzuschätzen. Sei also $\varepsilon > 0$ gegeben. Weil f auf D gleichmäßig stetig ist, gibt es dazu ein $\eta > 0$, sodaß für $|t| < \eta$ und $x \in D$ gilt

(ii) $$|f(x - t) - f(x)| < \varepsilon.$$

Andererseits hat man eine Schranke M mit $|f| < M$ auf ganz $\mathbb{R}$, und nach der Definition der Dirac-Folge gilt für genügend große n

(iii) $$\int\limits_{-\infty}^{-\eta} \delta_n + \int\limits_{\eta}^{\infty} \delta_n < \frac{\varepsilon}{2M}.$$

Wir zerlegen das Integral in (i) entsprechend:

$$|f_n - f| \le \int\limits_{-\infty}^{-\eta} |f(x - t) - f(x)|\, \delta_n(t)\, dt + \int\limits_{-\eta}^{\eta} (\cdots) + \int\limits_{\eta}^{\infty} (\cdots).$$

Nun ist jedenfalls $|f(x - t) - f(x)| \le 2M$, also mit (iii)

$$\int\limits_{-\infty}^{-\eta} (\cdots) + \int\limits_{\eta}^{\infty} (\cdots) \le 2M \left(\int\limits_{-\infty}^{-\eta} \delta_n + \int\limits_{\eta}^{\infty} \delta_n \right) < \varepsilon.$$

§ 3. DIRAC-FOLGEN

Für das verbliebene mittlere Integral ergibt sich nach (ii)

$$\int\limits_{-\eta}^{\eta} |f(x-t) - f(x)|\, \delta_n(t)\, dt \le \int\limits_{-\eta}^{\eta} \varepsilon\, \delta_n(t)\, dt \le \varepsilon \int\limits_{-\infty}^{\infty} \delta_n = \varepsilon\,.$$

Also zusammen $|f_n - f| < 2\varepsilon$. $\qquad\qquad\qquad\qquad\qquad\square$

In diesem Beweis haben wir den Satz über gleichmäßige Stetigkeit auf kompakten Intervallen in etwas allgemeinerer Form benutzt, als wir ihn früher formuliert haben. Wir haben η so gewählt, daß für $x \in D$ und $|t| < \eta$ gilt $|f(x-t) - f(x)| < \varepsilon$. Es ist nicht $x - t \in D$ verlangt. Schaut man in den alten Beweis (II, 3.10), so sieht man, daß man das auch nicht verlangen muß (die Folge (p_n) braucht nicht in D zu laufen, wir kommen darauf in (VI, 7.12) zurück).

Die approximierenden Funktionen erben viele gute Eigenschaften von den δ_n, denn das Integral $\delta_n * f$ hängt ja nur durch δ_n von x ab. Sind die Funktionen der Dirac-Folge glatt, so bügeln und glätten sie f_n. Das können wir erst richtig würdigen, wenn wir Funktionen mehrerer Variablen betrachten. Aber eine schöne Anwendung geben wir gleich.

(3.2) Approximationssatz von Weierstraß. *Eine stetige Funktion auf einem kompakten Intervall ist gleichmäßiger Limes von Polynomen.*

Beweis: Ohne Beschränkung der Allgemeinheit darf man annehmen, daß man eine stetige Funktion

$$f : [0,1] \to \mathbb{R}, \quad f(0) = f(1) = 0$$

approximieren soll. Ersetze nämlich erst f durch $f_1 = f \circ \varphi$ mit $\varphi(t) = a + t(b-a)$, und dann f_1 durch

$$f_2 = f_1 - \big((1-t)\, f(a) + t\, f(b)\big).$$

Auch mag f überall definiert sein, mit $f(t) = 0$ für $t \notin [0, 1]$. Jetzt konstruieren wir eine Dirac-Folge von Funktionen δ_n, die auf dem Intervall $[-1, 1]$ Polynome sind. Wir setzen nämlich

$$\delta_n(t) = c_n^{-1}(1 - t^2)^n \quad \text{für } -1 \le t \le 1, \text{ und } \delta_n(t) = 0 \text{ sonst.}$$

Offenbar ist δ_n stetig, $\delta_n \ge 0$, und wählen wir

$$c_n = \int\limits_{-1}^{1} (1 - t^2)^n \, dt,$$

so ist $\int_{-\infty}^{\infty} \delta_n(t) \, dt = \int_{-1}^{1} \delta_n(t) \, dt = 1$. Bleibt die Eigenschaft (D3) der Dirac-Folgen zu prüfen. Wir schätzen ab:

$$c_n/2 = \int\limits_{0}^{1} (1 - t^2)^n \, dt = \int\limits_{0}^{1} (1 + t)^n (1 - t)^n \, dt \ge \int\limits_{0}^{1} (1 - t)^n \, dt = \tfrac{1}{n+1}.$$

Also $c_n^{-1} \le (n + 1)/2$. Demnach gilt für $0 < \eta < 1$:

$$\int_{\eta}^{1} \delta_n = \int\limits_{\eta}^{1} c_n^{-1}(1 - t^2)^n \, dt \le \tfrac{n+1}{2} \int\limits_{\eta}^{1} (1 - \eta^2)^n \, dt$$

$$= \tfrac{n+1}{2}(1 - \eta^2)^n(1 - \eta),$$

und letzteres geht gegen 0 für $n \to \infty$. Man braucht die Bedingung (D3) nur für kleine η zu prüfen, weil die abzuschätzenden Integrale beim Verkleinern von η wachsen.

Die angegebenen δ_n bilden also eine Dirac-Folge, und nach (3.1) strebt die Folge der $f_n = \delta_n * f$ auf dem Intervall $[0, 1]$ gleichmäßig gegen f. Nun schauen wir uns f_n an. Für $-1 \le t \le 1$ ist $\delta_n(t)$ ein Polynom, also haben wir jedenfalls eine Darstellung

$$\delta_n(x - t) = g_0(t) + g_1(t)x + \cdots + g_{2n}(t)x^{2n},$$

falls x und t beide zwischen 0 und 1 liegen. Damit ist aber für alle $x \in [0, 1]$

$$f_n(x) = \int\limits_{0}^{1} f(t) \, \delta_n(x - t) \, dt = a_0 + a_1 x + \cdots + a_{2n} x^{2n}$$

§ 3. DIRAC-FOLGEN

ein Polynom mit Koeffizienten $a_j = \int_0^1 f(t)\, g_j(t)\, dt$. $\qquad\qquad\qquad$ □

Im allgemeinen werden die Ableitungen der approximierenden Folge (f_n) nicht konvergieren, schon gar nicht gleichmäßig, sonst müßte
ja f differenzierbar sein, was nicht vorausgesetzt ist. Doch hat die
Dirac-Approximation die folgende schöne Eigenschaft: Wenn f stetig
differenzierbar und die Ableitung beschränkt ist, so gilt dasselbe von
den approximierenden Funktionen $f_n = \delta_n * f$, und (f_n') konvergiert
gleichmäßig gegen f', und ebenso für alle höheren Ableitungen. Man
sieht das indem man die Ableitung d/dx von f_n unter das Integral
zieht:

$$\frac{d}{dx}\, f_n \;=\; \frac{d}{dx}\int_{-\infty}^{\infty} f(x-t)\,\delta_n(t)\, dt \;=\; \int_{-\infty}^{\infty}\frac{d}{dx}f(x-t)\,\delta_n(t)\, dt \;=\; \delta_n * f'.$$

Also $(f_n)' = (f')_n$. Freilich darf man eine Ableitung nicht ohne
weiteres unter ein Integral ziehen. Darüber werden wir später erst
Genaueres sagen (vergl. Bd. 2, I, 5.1 und III, 4.7).

Man kann auch **Dirac-Familien** von Funktionen $\delta_s : \mathbb{R} \to [0,\infty)$
betrachten, die durch $s \in \mathbb{R}_+$ statt $n \in \mathbb{N}$ parametrisiert sind. In
(D 3) muß es dann "für genügend große s" statt "für fast alle n"
heißen. Der Satz (3.1) gilt entsprechend, was sich schon daraus leicht
ergibt, daß ja aus so einer Familie stets eine Dirac-Folge entsteht,
wenn man für s eine gegen ∞ gehende Folge reeller Zahlen einsetzt.

Viele Beispiele für Dirac-Familien erhält man wie folgt: Es sei
$\delta_1 : \mathbb{R} \to [0,\infty)$ irgendeine integrable Funktion mit

$$\int_{-\infty}^{\infty} \delta_1(t)\, dt = 1.$$

Dann setze

(3.3) $\qquad\qquad\qquad \delta_s(t) := s \cdot \delta_1(st), \quad s \in \mathbb{R}_+.$

Dies definiert eine Dirac-Familie, denn die Transformation $s \cdot t = \tau$, $s\,dt = d\tau$ liefert

$$\int\limits_{-\infty}^{\infty} \delta_s(t)\,dt = 1,$$

und weil das Integral $\int_{-\infty}^{\infty} \delta_1(t)\,dt$ nach Voraussetzung existiert, muß auch zu gegebenem $\varepsilon > 0$ und $\eta > 0$ für genügend große s schließlich

$$\int\limits_{\eta}^{\infty} \delta_s(t)\,dt = \int\limits_{\eta}^{\infty} \delta_1(st) \cdot s\,dt = \int\limits_{s\eta}^{\infty} \delta_1(\tau)\,d\tau < \varepsilon$$

sein, und ebenso für negative t.

In der Wahrscheinlichkeitstheorie, auf die wir ja zur Motivation schon hingewiesen haben, erhält man so die oben abgebildeten **Gaußschen Glockenkurven**, mit

$$\delta_1(t) = \frac{1}{\sqrt{\pi}}\, \exp(-t^2).$$

Das uneigentliche Integral dieser Funktion werden wir später durch Übergang ins Zweidimensionale berechnen (Bd.2, IV, 4.8). Die hieraus nach dem angegebenen Verfahren hervorgehende Dirac-Familie von Gaußschen Glockenfunktionen parametrisiert man in der Form

$$(3.4) \qquad G_\sigma(t) = \frac{1}{\sigma\sqrt{2\pi}}\, \exp\left(\frac{-t^2}{2\sigma^2}\right), \qquad \sigma \in \mathbb{R}_+.$$

In der Wahrscheinlichkeitstheorie heißt σ^2 die **Varianz** der der zugehörigen Gaußverteilung. Für unsere Parametrisierung wäre

$$s = (\sqrt{2}\,\sigma)^{-1},$$

je kleiner die Varianz, um so besser gleicht die Gaußverteilung der (als Funktion nicht existenten) Dirac-Funktion.

Besonders einfach wird die Situation, wenn man von einer Funktion δ_1 ausgeht, die außerhalb eines kompakten Intervalls verschwindet, denn dann ist das uneigentliche Intervall in Wahrheit eigentlich.

Kapitel VI
Metrische und topologische Räume

Es ist eine wahre Freude, den Eifer der alten Geometer anzusehen, mit dem sie diesen Eigenschaften nachforschten, ohne sich durch die Frage eingeschränkter Köpfe irre machen zu lassen, wozu denn diese Kenntnis nützen sollte.

Kant

Wir haben konvergente Folgen oder Umgebungen nicht nur von reellen Zahlen, sondern zum Beispiel auch von Funktionen betrachtet. Auch haben wir festgestellt, daß das Integral als stetige Abbildung eines Raumes von Funktionen nach $\mathbb{R}$ angesehen werden kann. In diesem Kapitel sollen nun die Begriffe der Konvergenz, der Umgebung, und was damit zusammenhängt, grundsätzlich und in großer Allgemeinheit eingeführt und erörtert werden. Wir beginnen jedoch mit einem Abschnitt über euklidische Räume, der eigentlich in die Lineare Algebra gehört.

§ 1. Euklidische Vektorräume

Die wichtigsten Beispiele euklidischer Räume, die wir im folgenden im Auge haben, sind die Räume

$$\begin{aligned}
\mathbb{R}^n \quad &= \{(x_1, \ldots, x_n) \mid x_j \in \mathbb{R}\}, \\
F_a^b \quad &= \text{Raum der integrablen Funktionen } f : [a, b] \to \mathbb{R}, \ldots?? \\
C^0[a, b] &= \text{Raum der stetigen Funktionen } [a, b] \to \mathbb{R}.
\end{aligned}$$

178 VI. METRISCHE UND TOPOLOGISCHE RÄUME

Jedenfalls betrachten wir einen reellen Vektorraum V, d.h. einen Vektorraum über dem Körper $\mathbb{R}$. Ein **Skalarprodukt** auf V ist eine bilineare, symmetrische, positiv (semi-)definite Abbildung

$$V \times V \to \mathbb{R}, \qquad (v, w) \mapsto \langle v, w \rangle \in \mathbb{R}.$$

Das heißt also, wir verlangen folgende Eigenschaften:

Bilinearität: $\quad \langle \lambda v + \mu w, u \rangle = \lambda \langle v, u \rangle + \mu \langle w, u \rangle$
$\qquad\qquad\qquad$ für $v, w, u \in V$ und $\lambda, \mu \in \mathbb{R}$.
Symmetrie: $\quad \langle v, w \rangle = \langle w, v \rangle$.
Positive Semidefinitheit: $\quad \langle v, v \rangle \geq 0$.

Gilt hier $\langle v, v \rangle > 0$ für alle $v \neq 0$, so heißt das Skalarprodukt **positiv definit** oder **euklidisch**, und ein **Euklidischer Raum** ist ein reeller Vektorraum mit einem euklidischen Skalarprodukt. Wir bezeichnen ihn im allgemeinen mit dem gleichen Buchstaben V wie den zugrundeliegenden Vektorraum, ohne das Skalarprodukt extra zu notieren. Vorerst nun sei ein Vektorraum V mit positiv semidefinitem Skalarprodukt $\langle \cdot, \cdot \rangle$ betrachtet.

Wegen der Symmetrie ist das Skalarprodukt natütlich auch in der zweiten Variablen linear, und aus der Linearität folgt:

$$\langle 0, v \rangle = \langle v, 0 \rangle = 0.$$

Folgende Beispiele werden für uns wichtig sein:

(1.1) $V = \mathbb{R}^n$, *Skalarprodukt* $\quad \langle v, w \rangle = v_1 w_1 + \cdots + v_n w_n$,
$\qquad\qquad$ *für* $v = (v_1, \ldots, v_n)$, $w = (w_1, \ldots, w_n)$.

Wenn man den Matrizenkalkül benutzt, sollte man die Vektoren als Spalten schreiben — das werden wir in dem Fall auch tun — aber im allgemeinen lassen wir es so, weil die chinesische Notation platzraubend und lästig ist. Das nächste Beispiel ist wie angekündigt

(1.2) $V = F_a^b$, *also* $v, w \in V$ *sind integrable Funktionen auf einem Intervall* $[a, b]$, $a < b$, *und*

§ 1. Euklidische Vektorräume

$$\langle v, w \rangle_2 := \int_a^b v(t)\, w(t)\, dt.$$

Man kann (1.1) als Spezialfall für Treppenfunktionen zu einer gewissen Zerlegung in n Teilintervalle ansehen, oder entsprechend (1.2) als Verallgemeinerung von (1.1). Ein n-Tupel ist eine Abbildung $\{1, \ldots, n\} \to \mathbb{R}$, $j \mapsto v_j$. Statt dessen betrachten wir Abbildungen $[a, b] \to \mathbb{R}$, $t \mapsto v(t)$, und statt zu summieren integrieren wir.

Das Skalarprodukt (1.1) des $\mathbb{R}^n$, das sogenannte **kanonische**, ist euklidisch, denn ist $v = (v_1, \ldots, v_n) \neq 0$, so ist

$$\langle v, v \rangle = v_1^2 + \cdots + v_n^2 > 0.$$

Im Beispiel (1.2) ist analog

$$\langle v, v \rangle_2 = \int_a^b v^2(t)\, dt \geq 0,$$

aber wenn hier $\langle v, v \rangle_2 = 0$ gilt, braucht v noch nicht zu verschwinden, wie man an einer Treppenfunktion sieht, die nur an den Zerlegungspunkten ungleich Null ist. Ist v hingegen stetig, so schließt man leicht $\langle v, v \rangle_2 = 0 \Longrightarrow v = 0$.

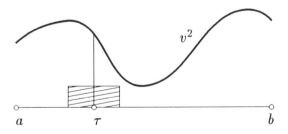

Ist nämlich $v^2(\tau) =: c > 0$ für ein $\tau \in [a, b]$, so gibt es eine δ-Umgebung von τ in $[a, b]$, wo $v^2(t) > c/2$ ist, und die Treppenfunktion, die in dieser δ-Umgebung den Wert $c/2$ und sonst den Wert 0

180 VI. METRISCHE UND TOPOLOGISCHE RÄUME

hat, hat ein positives Integral und ist kleinergleich v^2, also ist auch $\int_a^b v^2 > 0$. Nehmen wir also

$$(1.3) \qquad V = C^0[a,b], \quad \langle v,w \rangle_2 = \int\limits_a^b v(t)\, w(t)\, dt,$$

so haben wir wieder einen euklidischen Raum.

Das Beispiel des $\mathbb{R}^n$ und der Lehrsatz des Pythagoras zeigt, daß durch ein Skalarprodukt auf natürliche Weise eine **Norm** von $v \in V$, das ist ein Betrag oder eine Länge, gegeben ist, nämlich durch

$$|v| := \sqrt{\langle v,v \rangle}.$$

Im $\mathbb{R}^3$ ist dies ja nach Ausweis der Elementargeometrie, was man sich immer unter der Länge vorgestellt hat. Im Fall eines nur positiv semidefiniten Raumes spricht man auch von einer **Seminorm**.

(1.4) Eigenschaften der Norm.
(i) *Es ist $|v| \geq 0$, und wenn der Raum euklidisch ist:*
$|v| = 0 \Longleftrightarrow v = 0$.
(ii) **Positive Homogenität:** $|\lambda \cdot v| = |\lambda| \cdot |v|$ *für* $\lambda \in \mathbb{R}$, $v \in V$.
(iii) **Dreiecksungleichung:** $|v + w| \leq |v| + |w|$.
   Also $\big||v| - |w|\big| \leq |v - w|$.

Diese Normeigenschaften sind uns in (II, 4.2) schon begegnet. Für eine Seminorm, die aus einem Skalarprodukt entsteht, hat man zudem die Abschätzung des Skalarprodukts:

(1.5) Schwarzsche Ungleichung: $|\langle v,w \rangle| \leq |v| \cdot |w|$.

Beweis: (1.4) (i) ist klar. (ii): $|\lambda v| = \sqrt{\langle \lambda v, \lambda v \rangle} = \sqrt{\lambda^2 \langle v,v \rangle} = |\lambda| \cdot |v|$. Zum Beweis von (1.5) sei zunächst $|w| = 0$ (oder $|v| = 0$) angenommen — wir sind im semidefiniten Fall und können nicht $w = 0$

§ 1. Euklidische Vektorräume

schließen, aber:

$$0 \leq \langle v - tw, v - tw \rangle = |v|^2 + t^2|w|^2 - 2t\langle v, w \rangle = |v|^2 - 2t\,\langle v, w \rangle$$

für alle $t \in \mathbb{R}$, und das heißt offenbar $\langle v, w \rangle = 0$ und gibt die Behauptung in diesem Fall. Ist $|v| = |w| = 1$ so folgt aus derselben Rechnung mit $t = \pm 1$ wieder $|\langle v, w \rangle| \leq 1$. Allgemein nun wenn $|v| \neq 0 \neq |w|$ schreiben wir $v = |v| \cdot v_1$, $w = |w| \cdot w_1$, mit $|v_1| = |w_1| = 1$, und erhalten aus dem vorigen

$$|\langle v, w \rangle| = |v| \cdot |w| \cdot |\langle v_1, w_1 \rangle| \leq |v| \cdot |w|.$$

Dreiecksungleichung: $|v + w|^2 = |v|^2 + |w|^2 + 2\langle v, w \rangle$

$$\leq |v|^2 + |w|^2 + 2|v||w| = (|v| + |w|)^2,$$

nun ziehe die Wurzel. Wie gehabt folgt daraus $|v - w| \geq |v| - |w|$ und $|w - v| \geq |w| - |v|$, also $|v - w| \geq \big||v| - |w|\big|$. $\qquad\square$

Im Fall des Raumes der integrablen Funktionen (1.2) heißt die hier erklärte Seminorm die L^2-**Norm** oder auch **Integralnorm**, und wir bezeichnen sie durch

$$|v|_2 = \left(\int\limits_a^b v(t)^2 \, dt \right)^{\frac{1}{2}}.$$

Der Unterschied zwischen positiv semidefiniten und euklidischen Skalarprodukten ist nicht so wesentlich: Sei $U \subset V$ der Unterraum

$$U = \{ u \in V \mid \langle u, u \rangle = 0 \},$$

also der Raum der Vektoren der Norm 0. Dies ist ein Unterraum, denn ist $u \in U$ und $v \in V$, so ist $\langle u, v \rangle = 0$ nach der Schwarzschen Ungleichung, also

$$U = \{ u \in V \mid \langle u, v \rangle = 0 \quad \text{für alle} \quad v \in V \},$$

was offenbar ein Unterraum ist. Man bildet nun den Quotientenraum V/U, also man macht Vektoren der Norm 0 zu Null. Das Skalarprodukt von V induziert eines auf V/U durch

$$\langle v + U, w + U \rangle := \langle v, w \rangle,$$

182   VI. Metrische und topologische Räume

was wegen $\langle v, u \rangle = \langle u, w \rangle = \langle u, u \rangle = 0$ für $u \in U$ wohldefiniert ist. Dies Skalarprodukt auf V/U ist dann offenbar euklidisch. Die Elemente von U werden bei diesem Verfahren als unbeachtlich angesehen. So betrachten wir integrable Funktionen fortan immer bis auf Nullfunktionen, das heißt modulo Funktionen der L^2-Norm Null.

Betrachten wir das Beispiel des Raumes $V = F_a^b$ der auf $[a, b]$ integrablen Funktionen etwas näher. Wählt man $w = 1$ als konstante Funktion, so sagt die Schwarzsche Ungleichung

$$\langle 1, v \rangle_2^2 = \left(\int_a^b v(t)\, dt \right)^2 \leq |1|_2^2 \cdot |v|_2^2 = (b - a) \int_a^b v^2(t)\, dt.$$

Wenden wir dies auf $|v|$ statt v an und ziehen die Wurzel, so erhalten wir:

$$(1.6) \qquad |v|_1 := \int_a^b |v(t)|\, dt \leq \sqrt{b - a}\, |v|_2 .$$

Das Integral $|v|_1$ heißt die L^1-**Norm** von v. Wenden wir diese Ungleichung auf $f - g$ für v an, so ergibt sich

$$\left| \int_a^b f(t)\, dt - \int_a^b g(t)\, dt \right| \leq |f - g|_1 \leq \sqrt{b - a}\, |f - g|_2 .$$

Dies sagt, daß das Integral ein Lipschitz-stetiger Operator mit Konstante $\sqrt{b - a}$ auf F_a^b ist, wenn man den Abstand der Funktionen durch die L^2-Norm mißt. Ist also (φ_n) eine Folge von auf $[a, b]$ integrablen Funktionen, die für die L^2-Norm gegen f konvergiert, das heißt so, daß $(|\varphi_n - f|_2) \to 0$, so folgt $(\int_a^b \varphi_n) \to \int_a^b f$. Es braucht in diesem Falle nicht (φ_n) gegen f zu konvergieren. Beispiel: $f = 0$, $\varphi_n(t) = 1$ für $0 \leq t \leq 1/n$, und $\varphi_n(t) = 0$ sonst.

Ist $\|v\|$ das Supremum der Funktion $|v|$ auf $[a, b]$, so ist $\int_a^b v^2(t)\, dt \leq (b - a) \cdot \|v\|^2$, also

$$(1.7) \qquad |v|_2 \leq \sqrt{b - a}\, \|v\|.$$

§ 2. Orthogonalbasen und Fourierentwicklung 183

Alle diese Bildungen $|v|_1$, $|v|_2$, $\|v\|$ haben die Eigenschaften (II, 4.2) einer Norm, und diese Normen führen zu verschiedenen Konvergenzbegriffen. Gleichmäßig konvergente Folgen sind für die L^2-Norm konvergent nach (1.7), und für die L^2-Norm konvergente Folgen sind für die L^1-Form konvergent nach (1.6). Alle diese Normen haben ihre Entsprechung im $\mathbb{R}^n$, also ist $v = (v_1, \ldots, v_n)$, so hat man den euklidischen Betrag $|v|_2$, die Norm $|v|_1 = \sum_k |v_k|$ und die Maximumnorm $\|v\| = \max\{|v_k| \mid k = 1, \ldots, n\}$, aber hier führen alle Normen zum gleichen Konvergenzbegriff.

Ein reeller oder komplexer Vektorraum mit einer Norm mit den Eigenschaften (II, 4.2), die wir in (1.4) für einen euklidischen Raum festgestellt haben, heißt ein **normierter Raum**.

Für spätere Verwendung stellen wir noch fest:

(1.8) Bemerkung. *Ist $f : [a, b] \to \mathbb{R}$ integrabel und $\varepsilon > 0$, so gibt es eine Treppenfunktion φ auf $[a, b]$ mit $|f - \varphi|_2 < \varepsilon$.*

Beweis: Wähle eine Treppenfunktion $\varphi \leq f$ mit $\|\varphi\| \leq \|f\|$ und $\int_a^b (f - \varphi) \leq \frac{\varepsilon^2}{2\|f\|}$. So ein φ findet man nach Definition (Riemann-) integrabler Funktionen. Dann ist

$$\int_a^b (f - \varphi)^2 \leq \int_a^b \left(\|f - \varphi\| \cdot (f - \varphi)\right) \leq 2\|f\| \int_a^b (f - \varphi) \leq \varepsilon^2. \quad \square$$

Also, wie man sagt, die Treppenfunktionen liegen **dicht** im Raum der integrablen Funktionen mit der L^2-Norm. Wir kommen auf den Begriff zurück.

§ 2. Orthogonalbasen und Fourierentwicklung

Wir kehren zurück zu euklidischen Räumen. Zu dem Skalarprodukt gehören als angepaßte Basen die Orthonormalbasen, die man auch für die L^2-Metrik hat. Die Anschauung legt nahe, daß man zwei Vektoren v, w genau dann **orthogonal** nennt, wenn

$$|v - w| = |v + w|.$$

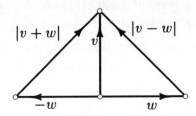

Das heißt also, genau wenn $|v - w|^2 = |v + w|^2$, also wenn

$$\langle v, w \rangle = 0.$$

Zum Beispiel sind die **Standard-Einheitsvektoren** im $\mathbb{R}^n$

$$e_j = (0, 0, \ldots, 0, \underset{j}{1}, 0, \ldots, 0)$$

paarweise orthogonal für das von uns betrachtete kanonische Skalarprodukt. Aber wohlgemerkt, es hängt vom Skalarprodukt ab, ob Vektoren orthogonal sind. Sind die Vektoren $v_1, \ldots, v_n$ ungleich Null und paarweise orthogonal, so sind sie linear unabhängig, denn wäre

$$0 = \sum_{j=1}^{n} \lambda_j v_j, \quad \text{so} \quad 0 = \langle v_k, 0 \rangle = \sum_{j=1}^{n} \lambda_j \langle v_k, v_j \rangle = \lambda_k |v_k|^2,$$

also $\lambda_k = 0$, weil $|v_k| \neq 0$, wir sind im euklidischen (!) Raum. Vektoren der Norm 1 nennt man auch **Einheitsvektoren**. Hat der euklidische Raum V die Dimension n, und ist $v_1, \ldots, v_n$ ein System paarweise orthogonaler Einheitsvektoren, auch **Orthonormalbasis** genannt, so ist dieses eine Basis. Schreibt man zwei Vektoren x, y als Linearkombinationen dieser Basis:

$$x = \sum_{k=1}^{n} \xi_k v_k, \quad y = \sum_{\ell=1}^{n} \eta_\ell v_\ell, \quad \text{so ist} \quad \langle x, y \rangle = \sum_{k=1}^{n} \xi_k \eta_k.$$

Bei Wahl eines Orthonormalsystems als Basis schreiben sich also wie immer Vektoren als n-Tupel, und das Skalarprodukt berechnet sich

§ 2. Orthogonalbasen und Fourierentwicklung

als das kanonische dieser n-Tupel, der Raum V ist als euklidischer Raum isomorph zu $\mathbb{R}^n$. Die Koeffizienten der Linearkombinationen für x und y lassen sich auch mit dem Skalarprodukt berechnen, nämlich:

$$\xi_k = \langle x, v_k \rangle, \quad \text{also} \quad x = \sum_{k=1}^{n} \langle x, v_k \rangle \cdot v_k.$$

Ist vielleicht $\dim V > n$ aber jedenfalls $v_1, \ldots, v_n$ ein Orthonormalsystem, und x ein beliebiger Vektor aus V, so schreibe:

$$x = \sum_{k=1}^{n} \xi_k v_k + u, \quad \xi_k = \langle x, v_k \rangle.$$

Dann ist $\langle u, v_k \rangle = \langle x, v_k \rangle - \xi_k \langle v_k, v_k \rangle = 0$, also u ist orthogonal zu allen v_k. Man nennt

$$pr_L(x) := \sum_{k=1}^{n} \xi_k v_k$$

die **Orthogonalprojektion** von x auf den von $v_1, \ldots, v_n$ aufgespannten Unterraum L. Von allen Vektoren aus L liegt $pr_L(x)$ am nächsten an x, denn der Abstand ist $|u|$; und der Abstand von x zu $pr_L(x) + v$ für $v \in L$ wäre $\sqrt{|u|^2 + |v|^2}$.

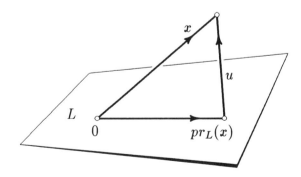

Es ist damit $|x|^2 = \sum_{k=1}^{n} \xi_k^2 + |u|^2 \geq \sum_{k=1}^{n} \xi_k^2$, also:

(2.1) Besselsche Ungleichung. *Ist $v_1, \ldots, v_n$ ein Orthonormalsystem im euklidischen Raum V, so ist für jedes $x \in V$:*

$$|x|^2 \geq \sum_{k=1}^{n} \langle x, v_k \rangle^2. \qquad \square$$

Ein **vollständiges Orthonormalsystem** in einem unendlichdimensionalen euklidischen Raum V ist eine Folge $(v_k \mid k \in \mathbb{N})$ von Vektoren aus V mit folgenden Eigenschaften:

(i) Für jedes $n \in \mathbb{N}$ ist $v_1, \ldots, v_n$ ein Orthonormalsystem.

(ii) Ist $x \in V$ und $u_n = x - \sum_{k=1}^{n} \langle x, v_k \rangle \cdot v_k$, so gilt:

$$\lim_{n \to \infty} |u_n| = 0.$$

Mit anderen Worten: Man hat eine für die gegebene Norm konvergente Reihenentwicklung

$$x = \sum_{k=1}^{\infty} \langle x, v_k \rangle \cdot v_k.$$

Ist $(v_k \mid k \in \mathbb{N})$ ein vollständiges Orthonormalsystem, so kann man in der Gleichung

$$|x|^2 = \sum_{k=1}^{n} \langle x, v_k \rangle^2 + |u_n|^2$$

zum Limes übergehen, und erhält die

(2.2) Parsevalsche Gleichung. *Ist $(v_k \mid k \in \mathbb{N})$ ein vollständiges Orthonormalsystem des euklidischen Raumes V, so gilt für jedes $x \in V$:*

$$|x|^2 = \sum_{k=1}^{\infty} \langle x, v_k \rangle^2. \qquad \square$$

Um nun von einem gegebenen Orthonormalsystem $(v_n \mid n \in \mathbb{N})$ im Raum der integrablen Funktionen auf einem kompakten Intervall mit der L^2-Metrik zu zeigen, daß es vollständig ist, muß man

§ 2. Orthogonalbasen und Fourierentwicklung

nur für stetige Funktionen oder auch für Treppenfunktionen zeigen, daß sie sich durch Linearkombinationen $\sum_k \xi_k v_k$ beliebig gut L^2-approximieren lassen. Stetige Funktionen nämlich approximieren Treppenfunktionen für die L^2-Metrik, wie figura docet,

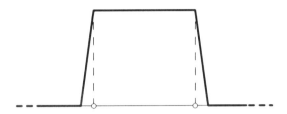

und Treppenfunktionen approximieren, wie wir wissen, beliebige integrable Funktionen beliebig gut für die L^2-Norm. Um nun eine stetige Funktion für die L^2-Norm durch Funktionen $\sum_k \xi_k v_k$ zu approximieren, genügt es, sie gleichmäßig zu approximieren, denn

$$\|f - g\| < \varepsilon \Longrightarrow |f - g|_2 < \varepsilon \cdot \sqrt{b-a}.$$

Zwei wichtige Beispiele von vollständigen Orthonormalsystemen wollen wir kennenlernen. Zunächst die

(2.3) Legendrepolynome. Im Raum V der integrablen Funktionen auf dem Intervall $[-1, 1]$ betrachte die Polynome:

$$\varphi_0 = 1, \qquad \varphi_1 = x, \qquad \ldots \qquad , \varphi_n = x^n.$$

Sie bilden eine Basis des Vektorraumes aller Polynome vom Grad $\leq n$. Wir produzieren aus dieser Basis induktiv eine Orthonormalbasis $v_0, \ldots, v_n$ durch

(2.4) Schmidt-Orthonormalisierung.

$$v_0 := \varphi_0/|\varphi_0|_2, \qquad \alpha \cdot v_{k+1} := \varphi_{k+1} - \sum_{j=0}^{k} \langle \varphi_{k+1}, v_j \rangle_2 \cdot v_j,$$

wobei α so bestimmt wird, daß $|v_{k+1}| = 1$, also α ist die Norm der rechten Seite der letzten Gleichung. □

Das so konstruierte Orthonormalsystem von Polynomen ist bis auf konstante Faktoren das System der Legendrepolynome. Es ist vollständig nach dem Approximationssatz von Weierstraß, der von $v_0, \ldots, v_n$ erzeugte Vektorraum ist ja der Raum aller Polynome vom Grad höchstens n.

Will man eine beliebige Funktion $f : [-1, 1] \to \mathbb{R}$ bezüglich der L^2-Norm durch ein Polynom vom Grad höchstens n approximieren, so gibt die beste Approximation das Polynom

$$\sum_{k=0}^{n} \langle f, v_k \rangle_2 \cdot v_k.$$

Die Normierung der Legendrepolynome $P_n = c_n \cdot v_n$ ist traditionell so bestimmt, daß sie an der Stelle 1 den Wert 1 haben. Es ergibt sich damit

$$v_n = \sqrt{n + \tfrac{1}{2}} \cdot P_n$$

für das n-te **Legendrepolynom** P_n.

Das zweite klassische Beispiel, das wir erwähnen wollen, ist die:

(2.5) Fourier-Entwicklung. Im Raum $F_{-\pi}^{\pi}$ der auf dem Intervall $[-\pi, \pi]$ integrablen Funktionen bilden die geeignet normierten trigonometrischen Funktionen

$$v_n(x) = \frac{1}{\sqrt{\pi}} \sin(nx), \qquad n \in \mathbb{N},$$

$$v_n(x) = \frac{1}{\sqrt{\pi}} \cos(nx), \qquad n \in -\mathbb{N},$$

$$v_0(x) = \frac{1}{\sqrt{2\pi}}$$

ein Orthonormalsystem; die Berechnung

$$\int_{-\pi}^{\pi} v_n(t)\, v_m(t)\, dt = \delta_{nm} = \begin{cases} 1 & \text{für } n = m, \\ 0 & \text{für } n \neq m, \end{cases}$$

gelingt leicht, wenn man bedenkt, daß die komplexwertige Funktion e^{ikt} für $k \neq 0$ die Stammfunktion $\frac{1}{ik} e^{ikt}$ hat. Eigentlich ist dies nach

§ 2. ORTHOGONALBASEN UND FOURIERENTWICKLUNG 189

unseren Begriffen ein Paar von Funktionen, Real- und Imaginärteil, und entsprechend ein Paar von Stammfunktionen.

Weil die Funktionen v_n alle 2π-periodisch sind, faßt man auch $f \in F_{-\pi}^{\pi}$ als 2π-periodische Funktion auf, indem man

$$f(t + 2\pi) = f(t)$$

setzt. Dann hat f die L^2-konvergente **Fourierentwicklung**

(2.6)
$$f(t) = \frac{a_0}{2} + \sum_{n=1}^{\infty} a_n \cos(nt) + \sum_{n=1}^{\infty} b_n \sin(nt),$$

$$a_n = \frac{1}{\pi} \int_{-\pi}^{\pi} \cos(nt) f(t) \, dt, \quad b_n = \frac{1}{\pi} \int_{-\pi}^{\pi} \sin(nt) f(t) \, dt.$$

Sie beschreibt eine durch f dargestellte periodische Schwingung als Superposition harmonischer Schwingungen. Es bleibt uns zu zeigen, daß das System der angegebenen Funktionen v_n, $n \in \mathbb{Z}$ vollständig ist, und dazu genügt es, folgendes zu zeigen:

(2.7) **Satz** (*trigonometrische Approximation*). *Jede stetige 2π-periodische Funktion ist ein gleichmäßiger Limes von* **trigonometrischen Polynomen**, *das sind Funktionen der Gestalt*

$$\sum_{k=0}^{n} a_k \cos(kt) + b_k \sin(kt).$$

Beweis: Eine 2π-periodische Funktion f kann man als Funktion

$$S^1 \to \mathbb{R}, \quad e^{it} \mapsto f(t)$$

auf dem Kreis $S^1 = \{z \in \mathbb{C} \mid |z| = 1\}$ auffassen. Dann dürfen wir annehmen, daß f auf ganz $\mathbb{C}$ stetig ist, indem wir $f(z) = |z| \cdot f(z/|z|)$ für $z \neq 0$, und $f(0) = 0$ setzen. Jetzt betrachten wir das Quadrat $Q = \{z \mid \|z\| \leq 1\}$ in $\mathbb{C}$ und approximieren f auf Q durch ein

Polynom in den beiden Variablen $x = \mathrm{Re}(z)$ und $y = \mathrm{Im}(z)$, also durch

$$p(x,y) = \sum_{k+\ell \leq n} a_{k\ell}\, x^k y^\ell, \quad \|p - f\|_Q < \varepsilon.$$

Daß das möglich ist, sagt der Approximationssatz von Weierstraß in zwei Variablen, den wir hier zitieren wollen. Man kann ihn aus dem in einer Variablen gewinnen oder direkt ebenso zeigen. Sind wir so weit, so setzen wir $x = \frac{1}{2}(e^{it} + e^{-it})$, $y = \frac{1}{2i}(e^{it} - e^{-it})$ für $(x,y) \in S^1$ ein und erhalten eine Darstellung

$$p(x,y) = \sum_{k=-n}^{n} c_k e^{ikt}, \qquad c_k \in \mathbb{C}.$$

Dann ersetzt man wieder nach Eulers Formel die e-Funktion durch Sinus und Kosinus und findet das gesuchte trigonometrische Polynom. Im Ergebnis ist alles wieder reell, denn $p(x,y)$ ist ja reell, alles Imaginäre muß sich wegheben. $\qquad\square$

Das war nun nicht etwa eine Darstellung der Theorie der Legendrepolynome und der Fourierentwicklung, sondern nur eine Einladung, sich diesen Gegenständen zuzuwenden. Vieles wäre zu sagen davon.

§ 3. Mengen

Eine Menge X heißt **endlich**, wenn sie leer ist, oder eine surjektive Abbildung $\{1, 2, \ldots, n\} \to X$ zuläßt. Sie heißt **abzählbar**, wenn es eine surjektive Abbildung $\mathbb{N} \to X$ gibt, also wenn man X in einer Folge durchlaufen kann:

$$X = \{x_n \mid n \in \mathbb{N}\}.$$

Nicht leere endliche Mengen sind abzählbar, zum Beispiel durch eine schließlich konstante Folge.

§ 3. MENGEN

(3.1) Satz. *Jede nicht leere Teilmenge einer abzählbaren Menge ist abzählbar. Jede abzählbare Vereinigung abzählbarer Mengen ist abzählbar.*

Beweis: Die erste Behauptung ist trivial. Zur zweiten: Sei $\Lambda = \{\lambda(n) \mid n \in \mathbb{N}\}$ die abgezählte Indexmenge, und zu jedem $\lambda \in \Lambda$ sei $X_\lambda = \{x_m^\lambda \mid m \in \mathbb{N}\}$ die zugehörige abgezählte Menge. Die Vereinigung, um die es geht, ist

$$\bigcup_{\lambda \in \Lambda} X_\lambda = \bigcup_{n \in \mathbb{N}} X_{\lambda(n)} = \{x_m^{\lambda(n)} \mid (m,n) \in \mathbb{N} \times \mathbb{N}\}.$$

Es genügt nun, eine Surjektion $\mathbb{N} \to \mathbb{N} \times \mathbb{N}$ anzugeben, also alle Paare natürlicher Zahlen in einer Folge zu durchlaufen. Das tut die **Cauchy-Abzählung**: Ordne die Paare in nachfolgendem Schema an, und durchlaufe nacheinander die Diagonalen $\{(m,n) \mid m+n = k\}$, $k = 1, 2, \ldots$

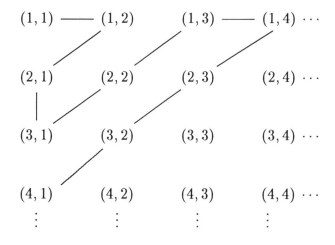

Demnach sind $\mathbb{N}, -\mathbb{N}, \mathbb{Z} = \mathbb{N} \cup \{0\} \cup -\mathbb{N}$ und $\mathbb{Q} = \bigcup_{n \in \mathbb{N}} \frac{1}{n} \cdot \mathbb{Z}$ abzählbar. Das weiß man erst zu würdigen, wenn man folgendes dagegenhält:

(3.2) Satz von Cantor. *Ein nicht leeres offenes reelles Intervall ist nicht abzählbar. Die Potenzmenge von* $\mathbb{N}$*, also die Menge der Teilmengen von* $\mathbb{N}$*, ist nicht abzählbar.*

Beweis: Angenommen, die Potenzmenge von $\mathbb{N}$ wäre abzählbar, also wir hätten eine Abzählung

$$(X_n \mid n \in \mathbb{N})$$

aller Teilmengen von $\mathbb{N}$, so definiere eine Teilmenge $Y \subset \mathbb{N}$ durch

$$n \in Y \Longleftrightarrow n \notin X_n.$$

Dann ist $Y \neq X_n$ für alle n, denn wäre $Y = X_n$, so ergäbe sich der Widerspruch $n \in Y \Longleftrightarrow n \notin Y$. Das zeigt die zweite Behauptung.

Die Teilmengen $X \subset \mathbb{N}$ entsprechen umkehrbar eindeutig ihren **charakteristischen Funktionen** $\chi_X : \mathbb{N} \to \{0, 1\}$, die durch

$$\chi_X(n) = 1 \Longleftrightarrow n \in X$$

erkärt sind. Demnach ist also auch die Menge aller Folgen, die nur die Werte $0, 1$ annehmen, nicht abzählbar. Jede solche Folge kann man als Dezimalzahl

$$0, a_1 a_2 \ldots, \quad \text{mit} \quad a_j \in \{0, 1\}$$

deuten, und wenn schon diese eine nicht abzählbare Menge bilden, so erst recht das ganze Intervall $(0, 1)$, und dann jedes Intervall (a, b), $a < b$, weil sich $(0, 1)$ bijektiv darauf abbilden läßt durch

$$t \mapsto (1 - t)a + tb.$$

Ist also das Intervall $(0, 1)$ nicht abzählbar, so auch (a, b) nicht. $\qquad\square$

Der Beweis zeigt in Wahrheit ganz allgemein, daß sich eine Menge nie bijektiv auf ihre Potenzmenge abbilden läßt.

§ 4. Metrische Räume 193

Eine reelle Zahl heißt **algebraisch**, wenn sie Wurzel eines Polynoms $f \neq 0$ mit ganzen Koeffizienten ist. Man sieht mit (3.1) sehr leicht, daß es nur abzählbar viele algebraische Zahlen gibt: Zu jedem Grad gibt es nur abzählbar viele Polynome, es gibt nur abzählbar viele Grade, und zu jedem Polynom nur endlich viele Wurzeln. Die meisten reellen Zahlen sind also nicht algebraisch, aber es ist nicht so leicht, auch nur eine anzugeben, und der Beweis, daß e und π nicht algebraisch sind, war ein großer und berühmter Erfolg der Mathematik des vorigen Jahrhunderts.

Der Anfänger wird immer bestrebt sein, Folgen oder Funktionen, die er bräuchte, möglichst explizit und in Formeln dastehen zu haben, am liebsten mit den ihm schon vorgestellten Zeichen und Symbolen. Indessen kann man durch Verkettung von endlich vielen Zeichen auf dem Papier im ganzen natürlich nur abzählbar viele Formeln erzeugen, während es überabzählbar viele Folgen gibt ...

§ 4. Metrische Räume

Ein **metrischer Raum** X besteht aus einer Menge, die wir mit demselben Buchstaben X bezeichnen, und deren Elemente wir **Punkte** nennen, sowie einer **Metrik**

$$d : X \times X \to \mathbb{R},$$

die einem Paar von Punkten $x, y \in X$ ihren **Abstand** $d(x, y)$ zuordnet, so daß folgendes erfüllt ist:

(i) $d(x, y) = 0$ *genau wenn* $x = y$.

(ii) *Symmetrie:* $d(x, y) = d(y, x)$.

(iii) *Dreiecksungleichung:* $d(x, z) \leq d(x, y) + d(y, z)$.

Aus diesen Axiomen folgt: $0 = d(x,x) \leq d(x,y) + d(y,x) = 2d(x,y)$, also
$$d(x,y) \geq 0.$$

Wir kennen schon viele metrische Räume. Jeder normierte Vektorraum $(V, |\cdot|)$ wird ein metrischer Raum durch die Metrik
$$d(x,y) = |x - y|.$$

Eine Teilmenge U eines metrischen Raumes X wird ein metrischer Raum durch Einschränkung der Metrik auf die Teilmenge, also auf $U \times U$. Diese Räume heißen **Unterräume** von X.

Ist X ein metrischer Raum, $p \in X$ ein Punkt und $\varepsilon > 0$, so erklärt man die ε-**Umgebung** von p oder **offene Kugel vom Radius** ε um p als
$$U_\varepsilon(p) = \{x \in X \mid d(x,p) < \varepsilon\}.$$

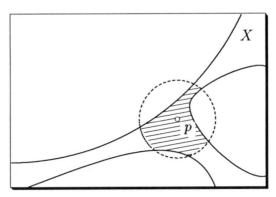

$U_\varepsilon(p)$ in einem Unterraum von $\mathbb{R}^2$

Eine **Umgebung** von p ist eine Teilmenge U von X, die eine ε-Umgebung von p enthält, also $p \in U_\varepsilon(p) \subset U$ für ein $\varepsilon > 0$. Eine Teilmenge U von X heißt **offen**, wenn sie mit jedem Punkt $p \in U$ noch eine Umgebung von p enthält.

(4.1) Beispiel. *Die offenen Kugeln $U_r(p)$ sind offen.*

§ 4. METRISCHE RÄUME   195

Beweis: Ist $x \in U_r(p)$, also $d(x,p) < r$, und $\varepsilon = r - d(x,p)$, so ist $U_\varepsilon(x) \subset U_r(p)$, denn für $y \in U_\varepsilon(x)$ ist $d(y,x) < \varepsilon$, also $d(y,p) \leq d(y,x) + d(x,p) < \varepsilon + d(x,p) = r$. $\square$

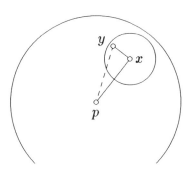

(4.2) Eigenschaften offener Mengen.

(i) *Der ganze Raum X und $\emptyset$ sind offen.*
(ii) *Sind $U_1, \ldots, U_k$ offen, so auch $U_1 \cap \cdots \cap U_k$.*
(iii) *Sind die Mengen U_λ für $\lambda \in \Lambda$ offen in X, so auch ihre Vereinigung $\bigcup_{\lambda \in \Lambda} U_\lambda$.*

Beweis: (i) ist offenbar. (ii) Ist $p \in U_1 \cap \cdots \cap U_k$, so hat p in jeder Menge U_j eine ε_j-Umgebung, und ist $\varepsilon = \min\{\varepsilon_j \mid j = 1, \ldots, k\}$, so liegt die ε-Umgebung von p in allen U_j, also im Durchschnitt.
(iii) Ein Punkt $p \in \bigcup_{\lambda \in \Lambda} U_\lambda$ liegt in einer Menge U_λ, dort hat er eine Umgebung, und diese ist dann auch in der Vereinigung der U_λ enthalten. $\square$

Hier sind wir nun bei dem Grundbegriff angekommen, den man heute an den Anfang zu stellen pflegt. Kennen wir einmal die offenen Mengen, so können wir sagen: Eine Teilmenge V von X ist eine Umgebung von $p \in X$, wenn es eine offene Menge U gibt, mit $p \in U \subset V$. In der Tat, hat man eine Umgebung nach unseren bisherigen Erklärungen, so kann man eine ε-Umgebung für U nehmen, siehe (4.1). Und hat man die offene Menge U, so enthält sie ja insbesondere eine ε-Umgebung von p. Metrische Räume haben die

(4.3) Hausdorffeigenschaft. *Verschiedene Punkte p, q aus X haben disjunkte Umgebungen.*

Beweis: Wähle $\varepsilon = d(p, q)/2$, dann sind die ε-Umgebungen von p und q disjunkt nach der Dreiecksungleichung. $\qquad\qquad$ $\square$

Eine Folge (x_n) in X **konvergiert** gegen $p \in X$, wenn in jeder Umgebung von p schließlich alle x_n liegen. Die Hausdorffeigenschaft sorgt für die Eindeutigkeit des Grenzwertes. Je nachdem, welche Metrik man zugrundelegt, erhält man so verschiedene Sorten Konvergenz. Zum Beispiel die Supremumsnorm auf dem Raum der beschränkten Funktionen auf einem Raum führt zu der gleichmäßigen Konvergenz, und diese ist verschieden von der L^2-Konvergenz in dem Raum der stetigen Funktionen (auf einem Intervall) mit der L^2-Metrik.

Auch das Cauchy-Kriterium können wir in einem beliebigen metrischen Raum formulieren — hier wird wirklich die Metrik benutzt. Eine Folge (x_n) ist eine **Cauchy-Folge** wenn gilt: Zu jedem $\varepsilon > 0$ gibt es ein $m \in \mathbb{N}$, sodaß für alle $k \in \mathbb{N}$ gilt:

$$d(x_{m+k}, x_m) < \varepsilon.$$

Aber Cauchy-Folgen müssen nicht konvergieren. Hier hilft eine Definition: Ein metrischer Raum heißt **vollständig** oder **komplett**, wenn in ihm jede Cauchy-Folge konvergiert. Wir kennen Beispiele:

(4.4) Bemerkung. *Der Raum der beschränkten stetigen Funktionen auf $D \neq \emptyset$ mit der Supremumsnorm ist vollständig.*

Der euklidische Raum $\mathbb{R}^n$ ist vollständig.

§ 5. TOPOLOGISCHE RÄUME   197

Beweis: Das erste haben wir in (II, 4.5) festgestellt. Das zweite ist
der Spezialfall $D = \{1, \ldots, n\}$. Es kommt nicht darauf an, welche
der von uns betrachteten Metriken auf $\mathbb{R}^n$ man nimmt, weil sich
jeweils eine durch die andere mit einem konstanten Faktor (1 oder
$\sqrt{n}$) abschätzen läßt.   □

Tatsächlich kann man in der Bemerkung für D einen beliebigen
Raum nehmen, es braucht kein Intervall zu sein. Das alte Argument
in (II, 4.5) übersteht jede Verallgemeinerung.

Ein vollständiger normierter Vektorraum heißt ein **Banachraum**.
Ein vollständiger euklidischer Vektorraum heißt ein **Hilbertraum**.
Eine Folge im $\mathbb{R}^n$ konvergiert genau dann, wenn für $j = 1, \ldots, n$ die
Folge der j-ten Komponenten der gegebenen Folge konvergiert.

Auch Beispiele für nicht komplette Räume gibt man leicht an:
Man braucht nur aus einem kompletten Raum einen Limespunkt
herauszunehmen. So ist zum Beispiel $\mathbb{R} \smallsetminus \{a\}$ für jedes $a \in \mathbb{R}$
unvollständig, denn $(a + 1/n)$ ist hierin eine nicht konvergente Cau-
chyfolge. Auch der Raum F_a^b, $a < b$, der Riemann-integrablen Funktionen mit der L^2-Norm ist unvollständig. Das ist ein wesentlicher
Mangel des Riemannintegrals.

§ 5. Topologische Räume

Hier erreichen wir den höchsten Grad der Abstraktion: Die Eigenschaften offener Mengen (4.2) machen wir zur

Definition. *Ein **topologischer Raum** X besteht aus einer Menge,
die wir auch mit X bezeichnen, zusammen mit einer Topologie auf
dieser Menge. Die **Topologie** ist eine Menge $\mathcal{O}$ von Teilmengen von
X. Diese heißen **offen** in X. Über sie wird folgendes gefordert:*

(i) *Der ganze Raum X und $\emptyset$ sind offen.*

(ii) *Sind $U_1, \ldots, U_k$ offen, so auch $U_1 \cap \cdots \cap U_k$.*

(iii) *Sind die Teilmengen U_λ, $\lambda \in \Lambda$, offen in X, so auch ihre Vereinigung $\bigcup_{\lambda \in \Lambda} U_\lambda$.*

Die Elemente von X nennen wir **Punkte**. Eine **Umgebung** eines Punktes $p \in X$ ist eine Menge $V \subset X$, sodaß es eine offene Menge $U \subset X$ gibt, mit $p \in U \subset V$. Mit dieser Definition kommt es dann wieder so heraus, daß eine Teilmenge U von X genau dann in X offen ist, wenn sie mit jedem Punkt noch eine Umgebung des Punktes enthält, und weil Obermengen von Umgebungen ja auch Umgebungen sind heißt das, U ist offen in X genau wenn U eine Umgebung jedes Punktes von U ist: Die offenen Mengen sind ja Umgebungen ihrer Punkte, und umgekehrt wenn U eine Umgebung jedes Punktes $p \in U$ ist, so enthält U eine offene Menge V_p mit $p \in V_p \subset U$, und dann ist U die Vereinigung der offenen Mengen V_p, $p \in U$, also offen.

Der topologische Raum X heißt **hausdorffsch**, wenn je zwei verschiedene Punkte aus X disjunkte Umgebungen besitzen. Statt disjunkt sagt man auch **fremd**. Wir werden fortan im allgemeinen nur hausdorffsche topologische Räume betrachten. Aber man hat auf X immer die **gröbste** Topologie, für die nur X und $\emptyset$ offen sind, und sie ist natürlich nicht hausdorffsch, wenn X mindestens zwei Punkte hat. Man hat auch immer die **diskrete** Topologie auf X, für die jede Teilmenge offen ist. Sie ist hausdorffsch.

Ist X ein topologischer Raum und $Y \subset X$ eine Teilmenge, so hat man eine Topologie auf Y durch die Festsetzung: U ist offen in Y, wenn es eine offene Menge V in X gibt, mit $U = V \cap Y$. Der Raum Y mit dieser Topologie heißt **Teilraum** oder **Unterraum** von X und seine Topologie die **Teilraumtopologie**.

Jeder metrische Raum hat eine durch die Metrik induzierte Topologie, die wir im letzten Abschnitt kennengelernt haben.

§ 5. TOPOLOGISCHE RÄUME 199

Sei X ein topologischer Raum und $A \subset X$. Man sagt, ein Punkt $p \in X$ **berührt** A oder er ist ein **Berührungspunkt** von A, wenn jede Umgebung von p auch Punkte aus A enthält. Beispiel: $X = \mathbb{R}$, $A = (0,1)$, $p = 0$ oder $p = 1$. Natürlich berühren die Punkte von A auch A, und A heißt **abgeschlossen** in X, wenn jeder Punkt $p \in X$, der A berührt, zu A gehört.

(5.1) Bemerkung. *Genau dann ist A abgeschlossen in X, wenn das Komplement $X \smallsetminus A$ offen in X ist.*

Beweis: Sei A abgeschlossen in X und $p \notin A$, dann berührt p auch A nicht, besitzt also eine Umgebung, die A nicht trifft, die also auch in $X \smallsetminus A$ liegt, und das zeigt, daß $X \smallsetminus A$ offen ist.

Sei umgekehrt $X \smallsetminus A$ offen, dann ist $X \smallsetminus A$ eine Umgebung jedes Punktes von $X \smallsetminus A$, und sie trifft A nicht, also kein Punkt aus $X \smallsetminus A$ berührt A. $\qquad\square$

Durch Übergang zum Komplement erhält man also aus der Definition einer Topologie:

(5.2) Bemerkung. *Der Raum X und $\varnothing$ sind abgeschlossen, endliche Vereinigungen und beliebige Durchschnitte abgeschlossener Teilmengen von X sind abgeschlossen.* $\qquad\square$

Ist Y eine beliebige Teilmenge von X, so enthält Y eine größte offene Menge, die Vereinigung aller in X offenen Teilmengen von Y. Diese heißt das **Innere** $\overset{\circ}{Y}$ von Y. Auch liegt Y in einer kleinsten abgeschlossenen Teilmenge, dem Durchschnitt aller abgeschlossenen Teilmengen von X, die Y enthalten. Diese heißt der **Abschluß** $\overline{Y}$ von Y und besteht aus allen Punkten $p \in X$, die Y berühren. Die Teilmenge Y heißt **dicht** in X, wenn $\overline{Y} = X$.

Ist X metrisch, so können wir den Abschluß auch wie folgt beschreiben:

(5.3) Bemerkung. *Sei X metrisch und $Y \subset X$. Genau dann ist $p \in \overline{Y}$, wenn es eine Folge (y_n) in Y gibt, die gegen p konvergiert.*

Beweis: Angenommen $p \in \overline{Y}$, so berührt p die Menge Y und insbesondere die $1/n$-Umgebung von p trifft Y in einem Punkt y_n. Die Folge (y_n) konvergiert dann gegen p. Konvergiert eine Folge (y_n) aus Y gegen p, so enthält jede Umgebung von p fast alle y_n, also p berührt Y. $\qquad\square$

Es gehört zu den grundlegenden Gestaltprinzipien der heutigen Mathematik, daß man nicht nur Objekte betrachtet, wie z.B. Gruppen, Vektorräume, ..., sondern auch die zugehörigen Morphismen, also Homomorphismen, lineare Abbildungen .... So gehören zu den topologischen Räumen die stetigen Abbildungen.

Definition. *Eine Abbildung $f : X \to Y$ zwischen topologischen Räumen heißt **stetig** an der Stelle $p \in X$, wenn für jede Umgebung U von $f(p)$ das Urbild $f^{-1}U$ eine Umgebung von p ist. Die Abbildung heißt **stetig**, wenn sie an jeder Stelle in X stetig ist.*

Dies letztere aber heißt:

(5.4) Bemerkung. *Genau dann ist $f : X \to Y$ stetig, wenn die Urbilder $f^{-1}U$ offener Mengen $U \subset Y$ stets offen in X sind.*

Beweis: Jede Umgebung enthält eine offene, und eine Menge ist offen genau wenn sie eine Umgebung jedes ihrer Punkte ist. Ist also f stetig und U offen in Y, so ist U eine Umgebung jedes $f(p) \in U$, also $f^{-1}U$ eine Umgebung jedes $p \in f^{-1}U$, also $f^{-1}U$ offen. Sind umgekehrt die Urbilder offener Mengen offen, so insbesondere die Urbilder offener Umgebungen von $f(p)$, und sie sind demnach Umgebungen von p, also f ist stetig. $\square$

Die Identität
$$\mathrm{id}: X \to X, \quad x \mapsto x$$
ist stetig, und sind
$$X \underset{f}{\to} Y \underset{g}{\to} Z, \quad f(p) = q,$$
Abbildungen topologischer Räume, und ist f an der Stelle p und g an der Stelle q stetig, so $g \circ f$ an der Stelle p; ist nämlich U eine Umgebung von $g(f(p))$ in Z, so ist $g^{-1}U$ eine Umgebung von $q = f(p)$, und $f^{-1}g^{-1}U = (g \circ f)^{-1}U$ eine Umgebung von p. Die Menge aller stetigen Abbildungen $X \to Y$ bezeichnen wir mit
$$C(X,Y) = C^0(X,Y).$$
Man spricht von der Kategorie der topologischen Räume und stetigen Abbildungen. Ihre Isomorphismen heißen Homöomorphismen: Eine Abbildung $f : X \to Y$ heißt ein **Homöomorphismus**, wenn f bijektiv ist, und f und f^{-1} stetig sind. Das heißt also: Genau dann ist U offen in X, wenn $f(U)$ offen in Y ist.

Beachte. *Es genügt nicht, daß f stetig und bijektiv ist.*

Zum Beispiel jede injektive Abzählung $\mathbb{N} \to \mathbb{Q}$ ist stetig und bijektiv, aber sie ist nie ein Homöomorphismus, weil $\mathbb{N}$ diskret ist, $\mathbb{Q}$ aber nicht.

Existiert zwischen X und Y ein Homöomorphismus, so heißen die Räume **homöomorph**.

Zum Beispiel ist der Würfel der Punkte $x = (x_1, \ldots, x_n) \in \mathbb{R}^n$ mit $|x_j| \leq 1$ homöomorph zur Kugel der $x \in \mathbb{R}^n$ mit $|x| \leq 1$. Als topologische Räume betrachtet sind Kugel und Würfel gleicher Gestalt. Warum?

§ 6. Summen, Produkte und Quotienten

Das **Produkt** $X \times Y$ zweier topologischer Räume X, Y ist wie folgt erklärt:

Als Menge ist $X \times Y$ das cartesische Produkt, also die Menge aller Paare (x, y), mit $x \in X$ und $y \in Y$. Die offenen Mengen des Produkts sind die beliebigen Vereinigungen von Mengen $U \times V \subset X \times Y$, wo U offen in X und V offen in Y ist.

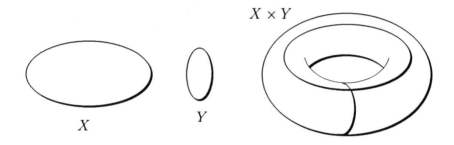

Nicht etwa alle offenen Mengen des Produkts lassen sich so als Produkt $U \times V$ darstellen, zum Beispiel $\mathbb{R}^2 = \mathbb{R} \times \mathbb{R}$, die offenen Mengen der Ebene sind **Vereinigungen** offener achsenparalleler Rechtecke.

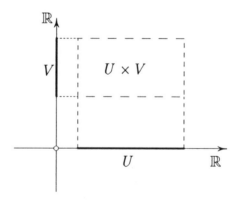

Man hat die beiden **kanonischen Projektionen**

$$\mathrm{pr}_1 : X \times Y \to X, \quad \mathrm{pr}_2 : X \times Y \to Y,$$

$\mathrm{pr}_1(x, y) = x$, $\mathrm{pr}_2(x, y) = y$, und eine Abbildung $f : Z \to X \times Y$ schreibt sich als Paar:

$$f = (f_1, f_2) : Z \to X \times Y, \quad f_1 = \mathrm{pr}_1 \circ f, \quad f_2 = \mathrm{pr}_2 \circ f.$$

Das Produkt hat folgende

(6.1) Universelle Eigenschaft des Produkts. *Man hat die kanonische Bijektion*

$$C(Z, X \times Y) \to C(Z, X) \times C(Z, Y), \quad f \mapsto (f_1, f_2).$$

Der Satz sagt mit anderen Worten: Eine Abbildung $Z \to X \times Y$ in das Produkt ist genau dann stetig, wenn beide Komponenten stetig sind.

Beweis: Jede Umgebung von $(x, y) \in X \times Y$ enthält eine Umgebung der Form $U \times V$ mit offenen Umgebungen U von x und V von y, und $f^{-1}(U \times V) = f_1^{-1}U \cap f_2^{-1}V$. Daraus liest man leicht ab, daß f genau dann stetig ist, wenn f_1 und f_2 stetig sind. $\qquad\square$

Natürlich kann man auch Produkte mit mehr Faktoren betrachten, und $(X \times Y) \times Z = X \times (Y \times Z) = X \times Y \times Z \ldots$. Das Produkt von Hausdorffräumen ist wieder hausdorffsch.

Die Bildung der topologischen Summe ist noch simpler als die des Produkts. Die **topologische Summe** $X \sqcup Y$ zweier topologischer Räume X, Y ist als Menge die disjunkte Vereinigung $X \sqcup Y$ der beiden Mengen, und eine Teilmenge $U \sqcup V$ ist offen genau wenn U offen in X und V offen in Y ist. Das heißt also, eine Teilmenge $W \subset X \sqcup Y$ ist offen genau wenn ihr Durchschnitt mit X und mit Y offen in X bzw. Y ist. Oder noch anders gesagt: X und Y mit ihrer kanonischen Inklusion in $X \sqcup Y$ sind offene Unterräume. Nun hat man vielleicht Schwierigkeiten, die disjunkte Vereinigung zu bilden, wenn X und Y nun mal nicht disjunkt sind. In diesem Fall bildet man das Produkt $(X \cup Y) \times \{0,1\}$ und hat darin:

$$X \sqcup Y = (X \times \{0\}) \cup (Y \times \{1\})$$

Man hat die kanonischen Inklusionen der beiden Summanden:

$$i_1 : X \to X \sqcup Y, \quad x \mapsto (x,0) \quad \text{und} \quad i_2 : Y \to X \sqcup Y, \quad y \mapsto (y,1),$$

und die Topologie ist so, daß dies Homöomorphismen auf ihr Bild und die Bilder offen sind. Die topologische Summe hat folgende

(6.2) Universelle Eigenschaft der Summe. *Man hat die kanonische Bijektion*

$$C(X \sqcup Y, Z) \to C(X, Z) \times C(Y, Z), \quad f \mapsto (f \circ i_1, f \circ i_2).$$

Beweis: Dies sagt: Eine Abbildung $f : X \sqcup Y \to Z$ ist stetig, genau wenn ihre Einschränkung auf X und Y stetig ist. Und das ist klar. $\square$

Eine naheliegende Weise und in der Tat eine klassische Methode, topologische Räume zu beschreiben und zu untersuchen, besteht darin, daß man einen neuen Raum aus zwei einfacheren Teilräumen X und Y zusammenklebt:

§ 6. Summen, Produkte und Quotienten   205

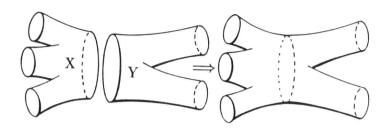

Man führt auf $X \sqcup Y$ eine Äquivalenzrelation ein, bei der jeder Punkt zu sich selbst, und sonst nur höchstens zu einem anderen äquivalent ist, mit dem er verklebt (identifiziert) werden soll. Der Quotient, der Raum der Klassen $(X \sqcup Y)/\sim$, erhält die Quotiententopologie für die kanonische Projektion $X \sqcup Y \to (X \sqcup Y)/\sim$. Sie ist wie folgt erklärt:

Sei X ein topologischer Raum, Y eine Menge und $f : X \to Y$ eine Abbildung. Eine Teilmenge $U \subset Y$ ist offen in der **Quotiententopologie** für f auf Y, genau wenn $f^{-1}U$ offen in X ist. Weil $f^{-1}\bigcup_\lambda U_\lambda = \bigcup_\lambda f^{-1}U_\lambda$, und $f^{-1}\bigcap_\lambda U_\lambda = \bigcap_\lambda f^{-1}U_\lambda$, ist dies eine Topologie auf Y. Sie hat folgende

(6.3) Universelle Eigenschaft der Quotiententopologie.
Eine Abbildung $g : Y \to Z$ des Quotientenraumes in einen topologischen Raum Z ist genau dann stetig, wenn die Zusammensetzung $g \circ f : X \to Z$ stetig ist:

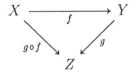

Beweis: Daß g stetig ist heißt: $g^{-1}U$ ist offen in Y, falls U offen in Z ist, und das heißt nach Definition der Quotiententopologie: $f^{-1}g^{-1}U$ ist offen, also $(g \circ f)^{-1}U$ ist offen in X. Das heißt aber, daß $g \circ f$ stetig ist. □

Ein Beispiel für einen interessanten Raum, den man so durch Verkleben gewinnt, ist das **Möbiusband**. Man gewinnt es als Quotient des Rechtecks $[0,1] \times [-1,1]$, indem man $(0,t)$ mit $(1,-t)$ identifiziert:

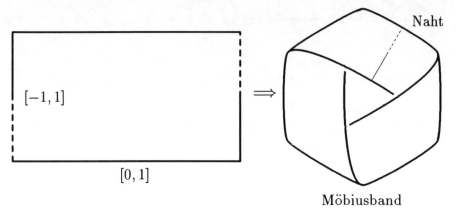

Möbiusband

Was erhält man, wenn man das Möbiusband entlang der Seele
$$\{(s,0) \mid s \in [0,1]\}$$
aufschneidet? Kann man beim Möbiusband von einer Vorder- und einer Rückseite reden?

Ein damit verwandtes wichtiges Beispiel bilden die **reellen projektiven Räume** $\mathbb{R}P^n$. Diese schönen Räume entstehen aus den Sphären $S^n = \{x \in \mathbb{R}^{n+1} \mid |x| = 1\}$ durch Identifikation antipodischer Punkte:
$$\mathbb{R}P^n = S^n/x \sim -x.$$

§ 7. Kompakte Räume

Sei X ein topologischer Raum. Eine **offene Überdeckung** von X ist eine Familie $(U_\lambda \mid \lambda \in \Lambda)$ offener Teilmengen von X, sodaß $X = \bigcup_{\lambda \in \Lambda} U_\lambda$. Auch wenn X ein Teilraum von Y ist, und die U_λ offen in Y sind, nennt man die Familie $(U_\lambda \mid \lambda \in \Lambda)$ eine offene Überdeckung von X, wenn $X \subset \bigcup_{\lambda \in \Lambda} U_\lambda$. Die Überdeckung heißt

§ 7. KOMPAKTE RÄUME   207

Überdeckung von X, wenn $X \subset \bigcup_{\lambda \in \Lambda} U_\lambda$. Die Überdeckung heißt
endlich, wenn Λ endlich ist, und ebenso sagt man, eine Überdeckung
$(U_\lambda \mid \lambda \in \Lambda)$ **enthält** die Überdeckung $(U_\gamma \mid \gamma \in \Gamma)$, wenn $\Gamma \subset \Lambda$.
Ein hausdorffscher topologischer Raum X heißt **kompakt**, wenn jede
offene Überdeckung von X eine endliche offene Überdeckung enthält.
Geht man zu Komplementen über, so erhält man die äquivalente
Beschreibung:

(7.1) Notiz. *Genau dann ist ein hausdorffscher Raum X kompakt,
wenn folgendes gilt: Ist $(A_\lambda \mid \lambda \in \Lambda)$ eine Familie abgeschlossener
Teilmengen in X und $\bigcap_{\lambda \in \Lambda} A_\lambda$ leer, so gibt es eine endliche Indexmenge $\Gamma \subset \Lambda$ mit $\bigcap_{\gamma \in \Gamma} A_\gamma = \varnothing$.*

Damit man bei den nachfolgenden Erklärungen einen Leitstern
vor Augen hat, will ich gleich vorweg sagen, daß die kompakten Teilmengen des $\mathbb{R}^n$ genau die beschränkten und abgeschlossen sind.
Alles Allgemeine, was wir jetzt lernen, ist uns für kompakte Intervalle schon begegnet. Ein diskreter kompakter Raum ist natürlich
einfach eine diskrete endliche Menge, und in vielen Situationen ist
Kompaktheit die passende topologische Verallgemeinerung von End-
lichkeit. Doch nun eins nach dem anderen.

(7.2) Satz. *Ist X kompakt und $A \subset X$ abgeschlossen, so ist auch A
kompakt. Ist umgekehrt X hausdorffsch und $A \subset X$ kompakt, so ist
A abgeschlossen. Die abgeschlossenen Teilmengen eines kompakten
Raumes sind also genau die kompakten Teilräume.*

Beweis: Sei $(F_\lambda \mid \lambda \in \Lambda)$ eine Familie abgeschlossener Teilmengen
in A mit leerem Durchschnitt. Dann ist jedes F_λ auch abgeschlossen
in X, und weil X kompakt ist, gibt es eine endliche Indexmenge
$\Gamma \subset \Lambda$, sodaß schon $\bigcap_{\gamma \in \Gamma} F_\gamma = \varnothing$. Das zeigt die erste Behauptung.

Nun sei X hausdorffsch und $p \notin A$. Wir suchen eine Umgebung von p, die A nicht trifft.

Nun, zu jedem $a \in A$ findet man eine offene Umgebung $U(a)$ von a und $V(a)$ von p mit $U(a) \cap V(a) = \emptyset$. Endlich viele $U(a)$ überdecken A, und der Durchschnitt der entsprechenden $V(a)$ liegt in ihrem Komplement, trifft also A nicht, und ist eine Umgebung von p.

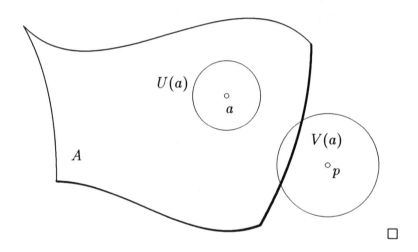

Im allgemeinen hängt es von dem umgebenden Raum X ab, ob eine Teilmenge $A \subset X$ abgeschlossen ist, und nicht nur von der auf A induzierten Topologie. Ist aber X hausdorffsch und $A \subset X$ kompakt, so erzwingt diese innere Eigenschaft von A, daß A in X abgeschlossen ist. Und in einem kompakten Raum X sind die abgeschlossenen Teilmengen genau die kompakten.

(7.3) Satz. *Ist X kompakt, Y hausdorffsch und $f : X \to Y$ stetig, so ist $f(X)$ auch kompakt, und $f(X)$ hat die Quotiententopologie für f.*

§ 7. KOMPAKTE RÄUME   209

Beweis: Sei $(U_\lambda \mid \lambda \in \Lambda)$ eine offene Überdeckung von $f(X)$, dann ist $\{f^{-1}U_\lambda \mid \lambda \in \Lambda\}$ eine offene Überdeckung von X. Weil X kompakt ist, gibt es eine endliche Indexmenge $\Gamma \subset \Lambda$, sodaß die Familie $(f^{-1}U_\lambda \mid \lambda \in \Gamma)$ noch X überdeckt, und dann ist auch $(U_\lambda \mid \lambda \in \Gamma)$ eine endliche Überdeckung von $f(X)$. Also ist $f(X)$ kompakt. Ist nun $A \subset f(X)$ und $f^{-1}A$ abgeschlossen, so ist $f^{-1}A$ kompakt, also ist auch $A = ff^{-1}A$ kompakt, also ist A abgeschlossen. Mithin ist $A \subset f(X)$ abgeschlossen, genau wenn $f^{-1}A$ in X abgeschlossen ist, und das zeigt, daß $f(X)$ die Quotiententopologie für $f : X \to f(X)$ trägt. $\square$

Dieser Satz hat folgende bemerkenswerte Konsequenz:

(7.4) Satz. *Ist X kompakt, Y hausdorffsch und $f : X \to Y$ stetig und bijektiv, so ist f ein Homöomorphismus.*

Beweis: A ist abgeschlossen in Y genau wenn $f^{-1}A$ abgeschlossen in X ist. $\square$

Im allgemeinen, wie wir schon bemerkt haben, muß die Umkehrabbildung einer stetigen Bijektion nicht stetig sein, siehe die Abzählungen $\mathbb{N} \to \mathbb{Q}$. Aber wenn die beteiligten Räume kompakt sind, so ist die Umkehrung einer stetigen Bijektion automatisch stetig. Für Intervalle haben wir das früher schon festgestellt.

Wir wissen jetzt schon, daß ein kompakter Teilraum eines metrischen Raumes abgeschlossen ist. Eine Teilmenge K eines metrischen Raumes (X, d) heißt **beschränkt**, wenn es einen Punkt $p \in X$ und ein $n \in \mathbb{N}$ gibt, sodaß K in der Kugel um p vom Radius n liegt:

$$K \subset \{x \in X \mid d(x, p) < n\}.$$

210   VI. METRISCHE UND TOPOLOGISCHE RÄUME

(7.5) Satz. *Ein kompakter Teilraum eines metrischen Raumes ist beschränkt.*

Beweis: Ist X der metrische Raum und $p \in X$, so wird das ganze X, also insbesondere die kompakte Menge K, von der Familie aller Kugeln $\{x \mid d(x,p) < n\}$, $n \in \mathbb{N}$, überdeckt, also K von endlich vielen, also von einer, der mit dem größten n. $\qquad\square$

Eine kompakte Teilmenge des $\mathbb{R}^n$ ist also beschränkt und abgeschlossen. Um auch die Umkehrung zu zeigen, müssen wir nur beweisen, daß ein Würfel $\{x \mid \|x\| \le r\}$ kompakt ist, denn jede beschränkte abgeschlossene Menge liegt in so einem Würfel und ist damit nach (7.2) auch kompakt. Wir zeigen zunächst:

(7.6) Lemma. *Ein abgeschlossenes Intervall $[a,b] \subset \mathbb{R}$ ist kompakt.*

Beweis: Sei $(U_\lambda \mid \lambda \in \Lambda)$ eine offene Überdeckung des Intervalls. Wir finden dann ein $\delta > 0$ mit folgender Eigenschaft: Für jedes $p \in [a,b]$ liegt die δ-Umgebung von p in einem U_λ, $\lambda \in \Lambda$. Haben wir das, so zerlegen wir das Intervall $[a,b]$ in endlich viele Teilintervalle der Länge kleiner δ. Weil jedes Teilintervall in einem U_λ, $\lambda \in \Lambda$ liegt, wird das ganze von endlich vielen überdeckt.

Nun zum Finden von δ. Angenommen, so ein δ existiert nicht, dann ist auch $\delta = 1/n$ für kein n gut. Wir finden demnach ein $p_n \in [a,b]$, sodaß die $1/n$-Umgebung von p_n in keinem U_λ, $\lambda \in \Lambda$, liegt. Nach Bolzano-Weierstraß, Übergang zu einer Teilfolge, dürfen wir annehmen, daß die Folge (p_n) gegen ein $p \in [a,b]$ konvergiert. Dieser Punkt p aber hat eine ε-Umgebung, die ganz in einer der Mengen U_λ, $\lambda \in \Lambda$, enthalten ist. Ist dann n so groß gewählt, daß $|p_n - p| < \varepsilon/2$ und $1/n < \varepsilon/2$, so liegt auch die $1/n$-Umgebung von p_n noch in der ε-Umgebung von p und damit in U_λ, ein Widerspruch.
✠ $\qquad\square$

§ 7. Kompakte Räume

Man sieht am Beweis, daß dieses Lemma die eigentliche Quintessenz des Satzes über gleichmäßige Stetigkeit enthält. Nun müssen wir noch zeigen, daß ein Produkt kompakter Räume kompakt ist. Auf dem Wege dahin liegt das auch für sich nützliche

(7.7) Tubenlemma. *Sei K kompakt, $p \in X$ und U offen in $X \times K$, mit $\{p\} \times K \subset U$. Dann gibt es eine offene Umgebung $V \subset X$ von p mit $V \times K \subset U$. Man nennt $V \times K$ eine* **Tubenumgebung** *von $\{p\} \times K$ in $X \times K$.*

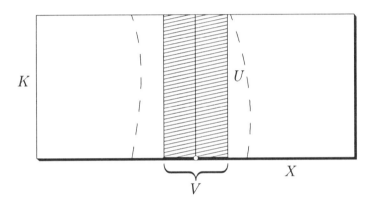

Beweis: Zu jedem $k \in K$ gibt es eine offene Umgebung V_k von p in X und W_k von k in K mit $(p,k) \in V_k \times W_k \subset U$. Die W_k, $k \in K$, überdecken K, und das tun auch endlich viele von ihnen. Sei V der Durchschnitt der entsprechenden V_k, dann ist

$$V \times K \subset \bigcup_k (V_k \times W_k) \subset U. \qquad \square$$

(7.8) Satz. *Ein Produkt hausdorffscher Räume ist hausdorffsch. Ein Produkt kompakter Räume ist kompakt.*

Beweis: Sind $(p,q) \neq (x,y)$ in $X \times Y$, und sind X, Y hausdorffsch, so ist $p \neq x$ oder $q \neq y$. Im ersten Fall haben p und x fremde

Umgebungen U und V in X, und daher (p,q) und (x,y) die fremden Umgebungen $U \times Y$ und $V \times Y$. Im zweiten Fall analog. Sind nun X und Y kompakt, und ist $(U_\lambda \mid \lambda \in \Lambda)$ eine offene Überdeckung von $X \times Y$, so wird jede Faser $\{p\} \times Y$, $p \in X$, von endlich vielen U_λ überdeckt, und diese überdecken nach dem Tubenlemma auch noch eine Menge $V_p \times Y$ für eine offene Umgebung V_p von p in X. Aber endlich viele solche V_p überdecken X. $\qquad\square$

Alles in allem wissen wir jetzt, daß Intervalle $[a,b]$ kompakt sind, also Würfel als Produkte kompakter Intervalle, also deren abgeschlossene Teilmengen, das heißt beschränkte und abgeschlossene Teilmengen von $\mathbb{R}^n$, und auch die Umkehrung haben wir bewiesen:

(7.9) Satz *von Heine-Borel. Eine Teilmenge des* $\mathbb{R}^n$ *ist genau dann kompakt (als Unterraum), wenn sie beschränkt und abgeschlossen ist.*
$\qquad\square$

Es ist hier wesentlich, daß wir einen endlichdimensionalen euklidischen Raum betrachten. In einem metrischen Raum (X,d) kann man immer die neue beschränkte Metrik $\tilde{d} = \min\{d,1\}$ einführen, die dieselbe Topologie induziert. In einem beliebigen metrischen Raum ist also aus der Beschränktheit einer Menge nichts zu schließen.

Bemerken wir zum Schluß, wie sich einiges, was wir für kompakte Intervalle kennen, jetzt verallgemeinert.

(7.10) Satz. *Eine stetige Funktion* $f : X \to \mathbb{R}$ *auf einem nicht leeren kompakten Raum* X *ist beschränkt und nimmt ein Maximum und Minimum an.*

Beweis: Das Bild $f(X) \subset \mathbb{R}$ ist nicht leer und kompakt, also beschränkt und abgeschlossen, und enthält daher sein Supremum und Infimum. $\qquad\square$

§ 7. KOMPAKTE RÄUME   213

(7.11) Satz *von Bolzano-Weierstraß. Jede Folge in einem kompakten metrischen Raum X besitzt eine konvergente Teilfolge.*

Beweis: Zu jedem $p \in X$ betrachte die Umgebungen vom Radius $1/n$. Wäre der Satz falsch, so dürfen für jedes p schließlich diese Umgebungen nur noch höchstens endlich viele Folgenglieder enthalten, denn sonst konstruiert man leicht eine gegen p konvergente Teilfolge. Nun, dann aber überdecken endlich viele solche Umgebungen, in die nur endlich viele Folgenglieder fallen, den ganzen Raum X, und folglich hätte die Folge nur endlich viele Glieder, ein Widerspruch. $\square$

(7.12) Satz. *Sei X metrisch, $K \subset X$ kompakt, auch Y metrisch und $f : X \to Y$ in jedem Punkt aus K stetig. Dann ist f auf K* **gleichmäßig stetig,** *das heißt: Zu jedem $\varepsilon > 0$ existiert ein $\delta > 0$, sodaß für alle $x \in X$ und $p \in K$ gilt:*

$$d(x, p) < \delta \implies d\big(f(x), f(p)\big) < \varepsilon.$$

Beachte, daß nur einer der Punkte p und x in K sein muß.

Beweis: Weil f auf K stetig ist, finden wir zu $\varepsilon > 0$ und jedem $p \in K$ ein $\delta(p) > 0$, sodaß

$$d(x, p) < 2\delta(p) \implies d\big(f(x), f(p)\big) < \varepsilon/2.$$

Endlich viele Umgebungen $U_{\delta(p)}(p)$, $p \in \{p_1, \ldots, p_k\}$ überdecken K. Sei δ das Minimum dieser $\delta(p_j)$. Ist nun $d(x, p) < \delta$, so auch $d(p, p_j) < \delta(p_j)$ für eines der p_j, also $d(x, p_j) < 2\delta(p_j)$, also $d\big(f(x), f(p)\big) \leq d\big(f(x), f(p_j)\big) + d\big(f(p), f(p_j)\big) < \varepsilon$. $\square$

Es wäre auch mit Folgen gegangen wie früher, aber so geht es auch.

§8. Zusammenhang

Ein topologischer Raum X heißt **zusammenhängend**, wenn er sich nicht in zwei disjunkte nicht leere offene Mengen zerlegen läßt. Das heißt mit anderen Worten, X ist nur auf die triviale Weise $X = X \sqcup \emptyset = \emptyset \sqcup X$ als topologische Summe zweier Räume darstellbar. Der Raum X heißt **bogenweise zusammenhängend**, wenn zu je zwei Punkten $p, q \in X$ ein verbindender stetiger **Weg**

$$w : [0,1] \to X, \quad w(0) = p, \quad w(1) = q$$

existiert.

(8.1) Satz. *Ein bogenweise zusammenhängender Raum hängt zusammen.*

Beweis: Hätte man eine Zerlegung $X = U \sqcup V$, $U \cap V = \emptyset$, $p \in U$, $q \in V$, in zwei offene Mengen U und V, so verbinde man p und q durch einen Weg w.

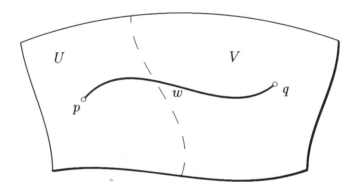

Dann zerfällt das Einheitsintervall $[0,1]$ disjunkt in die nicht leeren offenen Mengen $w^{-1}U$ und $w^{-1}V$. Aber das kann nicht sein, denn die Funktion $f : [0,1] \to \mathbb{R}$, $f|w^{-1}U = 0$, $f|w^{-1}V = 1$ wäre stetig,

§ 8. ZUSAMMENHANG 215

weil lokal konstant, mit Werten nur 0 und 1, was dem Zwischenwertsatz widerspricht. □

Insbesondere also Intervalle selbst sind zusammenhängend. Dagegen $\mathbb{Q}$ hängt nicht zusammen, es zerfällt zum Beispiel in $\{q \,|\, q^2 < 2\}$ und $\{q \,|\, q^2 > 2\}$. Die Umkehrung des Satzes ist im allgemeinen nicht richtig, es gibt zusammenhängende Räume, die nicht bogenweise zusammenhängen.

Die Relation "**verbindbar**" ist eine Äquivalenzrelation, also

$$x \sim y \iff \text{Es gibt einen Weg} \quad w : [0,1] \to X$$
$$\text{mit} \quad w(0) = x, \ w(1) = y.$$

Die Äquivalenzklassen heißen **Bogenkomponenten**. Hat nun jeder Punkt $p \in X$ eine Umgebung U von mit p verbindbaren Punkten, so sind die Bogenkomponenten offen, und X ist genau dann zusammenhängend, wenn es nur eine Bogenkomponente gibt, also wenn X bogenweise zusammenhängt. Dies gilt zum Beispiel für offene Teilräume des $\mathbb{R}^n$.

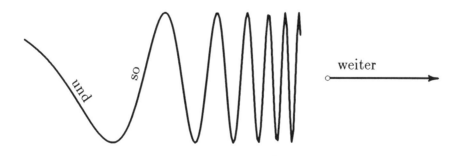

Aufgaben

Un denn wurd erst der Ansatz genom-
men, un denn gung's los! In der Fixigkeit
war ich dir über, aber in der Richtigkeit
warst du mir über.

Unkel Bräsig

Zu Kapitel I

1) Zeige für beliebige reelle Zahlen a, b:
   (i) $a \cdot b > 0$ und $a + b > 0 \Longrightarrow a > 0$ und $b > 0$.
   (ii) Sind $a, b \geq 0$, so gilt: $a < b \Longleftrightarrow a^2 < b^2$.

2) Zeige für beliebige reelle Zahlen a, b:
   Sind $a, b \geq 0$, so ist $\sqrt{ab} \leq \frac{1}{2}(a + b)$. Wann gilt Gleichheit?
   (Nach Definition ist $\sqrt{x} \geq 0$ und $(\sqrt{x})^2 = x$).

3) Seien $a, b \in \mathbb{R}$ und $a \leq b$. Für $x \in \mathbb{R}$ setze $x_+ := \max\{x, 0\}$.
   Zeige: $b_+ - a_+ \leq b - a$.

4) Für zwei reelle Zahlen a, b zeige die Formel:
   $$\max\{a, b\} = \tfrac{1}{2}(a + b) + \tfrac{1}{2}|a - b|.$$

5) Für Teilmengen $M, N \subset \mathbb{R}$ setze

   $$M \leq N \; :\Longleftrightarrow \; m \leq n \text{ für alle } m \in M \text{ und } n \in N.$$

   Welche der folgenden Aussagen gelten für **alle** nicht leeren Teilmengen von $\mathbb{R}$:
   (i) $M \leq M$.   (ii) $M \leq N$ und $N \leq L \Longrightarrow M \leq L$.
   (iii) $M \leq N$ und $N \leq M \Longrightarrow M = N$.
   Für welche Teilmengen genau gilt (i)?

6) Auf ebenem Plan haben sich 37 Gäste zur Party versammelt. Ihre jeweiligen Abstände zueinander seien alle verschieden. Zu Beginn der Party stellt jeder sich dem ihm zunächst stehenden Gast vor. Zeige:

(i) Mindestens einem Gast stellt sich niemand vor.

(ii) Niemand stellen sich mehr als 5 Gäste vor.

7) Gegeben seien n positive Zahlen $a_1, a_2, a_3, \ldots, a_n$. Das Produkt je zweier aufeinanderfolgender $a_1 a_2, a_2 a_3, \ldots, a_{n-1} a_n$, und auch $a_n a_1$ sei stets größer als 1. Ist dann auch notwendig das Produkt aller dieser Zahlen $a_1 a_2 a_3 \ldots a_n$ größer als 1?

8) Zeige: Sind die drei Zahlen a, b, c verschieden, so ist
$$\frac{a|b - c| + b|a - c| + c|a - b|}{|a - b| + |a - c| + |b - c|}$$
die mittlere von ihnen.

9) Sei $x^n + a_{n-1} x^{n-1} + \cdots + a_1 x + a_0 = 0$ für $x, a_j \in \mathbb{R}$. Zeige: $|x| \leq 1 + |a_0| + |a_1| + \cdots + |a_{n-1}|$.

10) Für das Produkt
$$\left(1 - \tfrac{1}{4}\right)\left(1 - \tfrac{1}{9}\right)\left(1 - \tfrac{1}{16}\right) \cdots \left(1 - \tfrac{1}{n^2}\right)$$
finde eine kleine algebraische Formel und beweise sie durch vollständige Induktion.

11) Seien $a_1, \ldots, a_n$ positive reelle Zahlen mit Produkt 1. Zeige: $a_1 + \cdots + a_n \geq n$, wobei Gleichheit genau dann gilt, wenn alle a_j gleich 1 sind.

12) Zeige durch Entwicklung von $(x + y)^{2n} = (x + y)^n \cdot (x + y)^n$:

(i) $\binom{2n}{k} = \sum_{i+j=k} \binom{n}{i}\binom{n}{j}$.   (ii) $\binom{2n}{n} = \sum_i \binom{n}{i}^2$.

Zu Kapitel II

1) Für alle natürlichen Zahlen $n \geq 2$ zeige:
$$2 < \left(1 + \tfrac{1}{n}\right)^n < \sum_{k=0}^n \tfrac{1}{k!} < 3.$$

2) Sei (a_n) eine Folge von Null verschiedener reeller Zahlen mit folgender Eigenschaft: Es gibt ein $a \in \mathbb{R}$, sodaß zu jedem $\varepsilon > 0$ ein $N \in \mathbb{N}$ existiert, sodaß für alle $n \in \mathbb{N}$ gilt:
$$n > N \Longrightarrow |a_n - a| > \varepsilon.$$

Existiert $\lim\limits_{n\to\infty}(1/a_n)$?

3) Die Folge (a_n) konvergiere gegen a. Bestimme

$$\lim_{n\to\infty}\left(\frac{1}{n}\sum_{k=1}^{n}a_k\right).$$

4) Für $x \in \mathbb{R}_+$ berechne

$$\lim_{n\to\infty}\frac{x^n - n}{x^n + n}.$$

5) Prüfe die folgenden Reihen auf Konvergenz:

(i) $\displaystyle\sum_{n=1}^{\infty}\frac{(n!)^2}{(2n)!}$, (ii) $\displaystyle\sum_{n=1}^{\infty}\left(\frac{n}{n+1}\right)^{n^2}$.

6) Gib sämtliche reellen Folgen (a_n) an, die dem folgenden Kriterium genügen:

Zu jedem $\varepsilon > 0$ gilt für fast alle Paare $(m,n) \in \mathbb{N} \times \mathbb{N}$: $|a_m - a_n| < \varepsilon$. "Fast alle" heißt: alle bis auf endlich viele.

7) Sei $0 < \alpha < 1$ und $\beta = 1 - \alpha$. Die Folge A_n sei rekursiv durch

$$A_0 = 0, \quad A_1 = 1, \quad A_n = \alpha A_{n-1} + \beta A_{n-2}$$

definiert. Berechne $\lim\limits_{n\to\infty}A_n$. Hinweis: Folgen und Reihen.

8) (i) Gilt für beliebige nicht leere beschränkte Teilmengen M, N von $\mathbb{R}$ stets:

$$\sup(M + N) = \sup(M) + \sup(N)?$$

(ii) Gilt für beliebige beschränkte Folgen (a_n), (b_n) in $\mathbb{R}$ stets

$$\overline{\lim_{n\to\infty}}\,(a_n + b_n) = \overline{\lim_{n\to\infty}}\,(a_n) + \overline{\lim_{n\to\infty}}\,(b_n)\,?$$

9) Zwei positive reelle Folgen (a_n) und (b_n) heißen **asymptotisch proportional** (schreibe $(a_n) \sim (b_n)$), wenn $(a_n/b_n) \to c$ für eine reelle Zahl $c \neq 0$. Zeige:

(i) Die Relation $(a_n) \sim (b_n)$ ist eine Äquivalenzrelation auf der Menge der positiven reellen Folgen.

(ii) Sind (a_n) und (b_n) asymptotisch proportionale positive Folgen, so konvergiert $\sum_{n=1}^{\infty} a_n$ genau wenn $\sum_{n=1}^{\infty} b_n$ konvergiert.

(iii) Konvergiert $\sum_{n=1}^{\infty} 1/\left(n^{1+1/n}\right)$?

10) Berechne die 3-ale und 7-ale Entwicklung von $1/5$, also:
$$1/5 = \sum_k a_k 3^{-k} = \sum_k b_k 7^{-k}, \ a_k \in \{0,1,2\}, \ b_k \in \{0,\ldots,6\}.$$
Die Ergebnisse sind zu beweisen.

11) Zeige, daß es keine stetige Funktion $f : \mathbb{R} \to \mathbb{R}$ gibt, die jeden Wert in $\mathbb{R}$ genau zweimal annimmt. Gibt es eine stetige Funktion $f : \mathbb{R} \to \mathbb{R}$, die jeden Wert genau dreimal annimmt?

12) Prüfe die beiden Funktionen $w : [0,\infty) \to \mathbb{R}, \ x \mapsto \sqrt{x}$ und $q : \mathbb{R} \to \mathbb{R}, \ x \mapsto x^2$ auf gleichmäßige Stetigkeit.

13) Untersuche die Funktionenfolge $(f_n : [-1,1] \to \mathbb{R})$,
$$f_n(x) = \sum_{k=1}^{n} \frac{x^2}{(1+x^2)^k}$$
auf punktweise und gleichmäßige Konvergenz.

14) Untersuche die Reihe von Funktionen $[0,1] \to \mathbb{R}$,
$$\sum_{k=1}^{\infty} (-)^k \frac{x}{x+k}$$
auf gleichmäßige und absolute Konvergenz.

15) Sei K ein kompaktes Intervall und $f : K \to \mathbb{R}$ eine (vielleicht unstetige) Funktion mit folgender Eigenschaft: Jeder Punkt $p \in K$ hat eine ε-Umgebung U, sodaß f auf U beschränkt ist. Ist dann f notwendig auf ganz K beschränkt?

16) In der Folge der natürlichen Zahlen bestehe die Teilfolge (n_k) aus den Zahlen, deren Dezimaldarstellung die Ziffer 5 nicht enthält. Zeige die Konvergenz der Reihe $\sum_{k=1}^{\infty} 1/n_k$.
Hinweis: Wieviele solcher Zahlen einer festen Stellenanzahl gibt es?

17) Am Anfang eines 10 m langen Gummibandes sitzt eine Schnecke. Jeden Tag kriecht sie einen Meter voran. Nachts, wenn sie ruht,

dehnt ein Dämon das Band gleichmäßig so aus, daß es jedesmal um 10 m länger wird. Dämon wie Schnecke seien unsterblich, das Band unbegrenzt dehnbar. Erreicht die Schnecke jemals das Ende des Bandes?

18) Die Zahlen des Intervalls $[0, 1)$ seien als Dezimalzahlen

$$x = 0, a_1 a_2 a_3 \ldots$$

dargestellt, wobei $a_i \in \{0, 1, \ldots, 9\}$ und $a_i \neq 9$ für unendlich viele i. Man betrachte die Funktion $f : [0, 1) \to [0, 1)$ mit

$$f(0, a_1 a_2 a_3 \ldots) = 0, a_2 a_4 a_6 \ldots;$$

wo ist f stetig, wo unstetig? Hinweis: Orientiere Dich an den Beispielen $x = \frac{1}{3}$, $x = \frac{1}{10}$, $x = \frac{1}{100}$.

19) Seien α, β die beiden Nullstellen des Polynoms $x^2 - x - 1$. Zeige, daß jede Folge (a_n), die der Rekursionsformel $a_{n+1} = a_n + a_{n-1}$ genügt, von der Form $a_n = a\alpha^n + b\beta^n$ für Konstanten $a, b \in \mathbb{R}$ ist. Zeige, daß für eine solche Folge, wenn sie nicht konstant 0 ist, stets a_{n+1}/a_n konvergiert. Wogegen? Die Wurzeln α und $\beta = 1 - \alpha$ des Polynoms $x^2 - x - 1$, also die Lösungen der Gleichung $x/1 = (x+1)/x$ beschreiben den **goldenen Schnitt**.

20) Sei $\rho : \mathbb{N} \to \mathbb{N}$ eine Bijektion mit folgender Eigenschaft: Es gibt eine Zahl K, sodaß

$$|n - \rho(n)| \leq K$$

für alle $n \in \mathbb{N}$. Sei $\sum_{n=1}^{\infty} a_n$ eine konvergente Reihe. Kann man schließen, daß $\sum_{n=1}^{\infty} a_{\rho(n)}$ gegen denselben Grenzwert konvergiert?

Zu Kapitel III

1) Zeige: Sind f und g auf dem Intervall $[a, b]$ integrabel, so auch die Funktion $f \cdot g$.

Zu Kapitel III

2) Sei $f : \mathbb{R}_+ \to \mathbb{R}$ eine beschränkte differenzierbare Funktion und $\lim_{x\to\infty} f'(x)$ existiere. $\lim_{x\to\infty} f'(x) = ?$

3) Sei $f : \mathbb{R} \to \mathbb{R}$ differenzierbar und $f \circ f = f$. Zeige: f ist konstant, oder $f(x) = x$ für alle x. Gilt die entsprechende Aussage für alle stetigen Funktionen f?

4) Sei $f : \mathbb{R} \to \mathbb{R}$ n-mal differenzierbar und $f^{[n]} = 0$. Zeige, daß f ein Polynom vom Grad höchstens $n-1$ ist.

5) Die stetige Funktion $f : [a,b] \to \mathbb{R}$ wachse monoton und F sei eine Stammfunktion von f. Zeige: Für $\alpha \geq 0$, $\beta \geq 0$, $\alpha+\beta = 1$ und $x,y \in [a,b]$ gilt:
$$F(\alpha x + \beta y) \leq \alpha F(x) + \beta F(y).$$
Hieraus zeige allgemeiner:
Sind $\alpha_1, \ldots, \alpha_n$ nicht negativ und $\alpha_1 + \cdots + \alpha_n = 1$, so gilt:
$$F(\alpha_1 x_1 + \cdots + \alpha_n x_n) \leq \alpha_1 F(x_1) + \cdots + \alpha_n F(x_n).$$
Zusatz: Die Voraussetzung, daß f stetig ist, ist in Wahrheit überflüssig.

6) Sei $f : \mathbb{R} \to \mathbb{R}$ beliebig oft differenzierbar, und es existiere eine Folge $(a_n) \to p$, $a_n \neq p$, mit $f(a_n) = 0$ für alle $n \in \mathbb{N}$. Zeige, daß alle Ableitungen von f bei p verschwinden.

7) Zeige:

$$\int_{-\pi}^{\pi} \sin(nx)\sin(mx)\, dx = \begin{cases} 0 & \text{für } n \neq m, \\ \pi & \text{für } n = m, \end{cases}$$

$$\int_{-\pi}^{\pi} \cos(nx)\cos(mx)\, dx = \begin{cases} 0 & \text{für } n \neq m, \\ \pi & \text{für } n = m, \end{cases}$$

$$\int_{-\pi}^{\pi} \sin(nx)\cos(mx)\, dx = 0, \qquad n,m \in \mathbb{N}.$$

8) Zeige: $\log((n-1)!) \leq \int_1^n \log(x)\, dx \leq \log(n!)$.

Folgere: $e\, n^n e^{-n} \le n! \le n \cdot e\, n^n e^{-n}$,

schwache Version von Stirlings Formel.

Berechne: $\lim\limits_{n \to \infty} \left(\frac{1}{n} \sqrt[n]{n!} \right)$.

9) Berechne unbestimmte Integrale von

$$\frac{x}{(x^2+1)^n}\,, \qquad \frac{1}{(x-1)^2(x-2)}\,, \qquad \frac{1}{(x^2+1)(x-1)^2}\,.$$

Hinweis: Partialbruchzerlegung (schaun Sie mal in ein Buch).

10) Zeige, daß

$$\lim_{x \to \infty} \int\limits_0^x \frac{\sin(t)}{t}\, dt$$

existiert. Der Grenzwert ist $\pi/2$, siehe Bd. 2, Kap. IV, Aufg. 6.

11) Eine positive rationale Zahl x läßt sich auf genau eine Weise als Bruch $x = p/q$ mit teilerfremden natürlichen Zahlen p, q schreiben (gekürzte Darstellung). Die Funktion $f : [0,1] \to \mathbb{R}$ sei definiert durch $f(x) = 1/q$ für $x \in \mathbb{Q}$ und $x = p/q$ in gekürzter Darstellung, und $f(x) = 0$ sonst. Zeige: f ist genau an den rationalen Stellen in $[0,1]$ unstetig, und f ist integrabel mit $\int_0^1 f(x)\, dx = 0$.

12) Zeige: Ist $f : [a,b] \to \mathbb{R}$ differenzierbar, so nimmt f' alle Werte zwischen $f'(a)$ und $f'(b)$ an.

13) Sei f differenzierbar auf $[a,b]$ und $f' \le c \cdot f$. Zeige:
$$f(x) \le f(a) \cdot e^{c(x-a)} \quad \text{für } a \le x \le b.$$

Zu Kapitel IV

1) Bestimme den Konvergenzradius der Potenzreihen

    (i) $\displaystyle\sum_{n=1}^{\infty} \frac{(-)^n (2x)^n}{n}$,   (ii) $\displaystyle\sum_{n=1}^{\infty} \frac{n!}{n^n} x^n$.

2) Durch Entwicklung in Potenzreihen berechne

    (i) $\displaystyle\lim_{x \to 0} \frac{\arctan(x)}{x}$,   (ii) $\displaystyle\lim_{x \to 1} \left(\frac{1}{\log(x)} - \frac{1}{x-1} \right)$.

ZU KAPITEL IV

3) Berechne die Taylorreihen der Funktionen

   (i) $f(x) = \log\sqrt{\frac{1-x}{1+x}}$,   (ii) $g(x) = \frac{\cos(x)}{1-x}$,

an der Stelle $p = 0$, und gib jeweils den Konvergenzradius an.

4) Sei $\sum_{k=0}^{\infty} a_k$ eine beschränkte Reihe. Zeige, daß die Reihe $\sum_{k=1}^{\infty} \frac{a_k}{k}$ konvergiert.

5) Sei $r > 0$ und $f : D =: [-r, r] \to \mathbb{R}$ zweimal differenzierbar. Es gelte

$$f'' = af' + bf + c$$

für Konstanten $a, b, c \in \mathbb{R}$. Zeige:

(i) f ist beliebig oft differenzierbar auf D.

(ii) Es existiert ein $M > 0$ mit $\|f^{[n]}\|_D < M^n$.

(iii) Die Taylorreihe von f bei 0 konvergiert auf D gegen f.

(iv) Gib eine Rekursionsformel für die Koeffizienten dieser Taylorreihe an.

(v) Zeige, daß f durch die Angabe von $f(0)$ und $f'(0)$ bestimmt ist.

6) Bestimme mit Hilfe von Potenzreihen die Grenzwerte folgender Reihen:

   (i) $\sum_{k=1}^{\infty} (-)^{k+1} \frac{1}{k \cdot 2^k}$ (ii) $\sum_{k=1}^{\infty} \frac{k}{(k+1)!}$

7) Berechne die Grenzwerte

   (i) $\lim\limits_{x \to 0} \frac{1 - \cos(x^2)}{x^2 \sin(x^2)}$,   (ii) $\lim\limits_{x \to 0} \frac{\log^2(1+x) - \sin^2(x)}{1 - \exp(-x^2)}$

8) Durch Koeffizientenvergleich in einer Gleichung zwischen Potenzreihen zeige für $\alpha, \beta \in \mathbb{R}$ und $n \in \mathbb{N}$:

$$\binom{\alpha}{0}\binom{\beta}{n} + \binom{\alpha}{1}\binom{\beta}{n-1} + \cdots + \binom{\alpha}{n}\binom{\beta}{0} = \binom{\alpha+\beta}{n},$$

und schließe daraus:

$$\binom{n}{0}^2 + \binom{n}{1}^2 + \cdots + \binom{n}{n}^2 = \binom{2n}{n}.$$

9) Sei f am Ursprung $(n-1)$-mal differenzierbar, und es seien

$$f(0), f'(0), \ldots, f^{[n-1]}(0)$$

alle ungleich Null. Seien $a_1, \ldots, a_n$ verschiedene reelle Zahlen. Zeige, daß die Funktionen

$$f_j : x \mapsto f(a_j \cdot x), \quad j = 1, \ldots, n$$

224   AUFGABEN

über $\mathbb{R}$ linear unabhängig sind.

10) (i) Bestimme alle Lösungen $z \in \mathbb{C}$ der Gleichung $e^z = 1$.

    (ii) Bestimme alle Nullstellen in $\mathbb{C}$ der Funktion $z \mapsto \sin(z)$

11) Zeige für $z \in \mathbb{C}$

    (i) $\cos(nz) = \sum\limits_{k=0}^{[n/2]} (-)^k \binom{n}{2k} \cos^{n-2k}(z) \sin^{2k}(z)$ für alle $n \in \mathbb{N}_0$.

$[x] =$ ganzzahliger Anteil von x.

    (ii) $\cos^n(z) = 2^{1-n} \sum\limits_{k=0}^{\frac{(n-1)}{2}} \binom{n}{k} \cos\big((n-2k)z\big)$ für ungerade n.

    (iii) $\cos^n(z) = 2^{1-n} \Big(\sum\limits_{k=0}^{\frac{n}{2}-1} \binom{n}{k} \cos\big((n-2k)z\big) + \frac{1}{2}\binom{n}{n/2} \Big)$

für gerade n.

12) Konstruiere eine C^∞-Funktion $f : \mathbb{R} \to \mathbb{R}$, die am Ursprung weder lokal monoton noch lokal extremal ist.

13) Sei $\varphi(x) = \sum\limits_{k=0}^{\infty} a_k x^k$ eine Potenzreihe mit $a_0 \neq 0$.

    (i) Zeige, daß es genau eine Potenzreihe $\psi(x) = \sum\limits_{k=0}^{\infty} b_k x^k$ gibt, so daß für das Cauchyprodukt $\varphi \cdot \psi$ gilt:

$$\varphi(x) \cdot \psi(x) = 1.$$

    (ii) Sind f, g C^∞-Funktionen und ist $j_0 f = \varphi$, $f \cdot g = 1$, so ist $j_0 g = \psi$.

14) Zeige, daß $\sum_{n=1}^{\infty} \frac{\sin(nt)}{n}$ für jedes $t \in \mathbb{R}$ konvergiert.
Hinweis: Abel, Euler.

Zu Kapitel V

1) Zeige mit dem Mittelwertsatz, daß die Funktionenfolge

$$f_n(x) = (1 + x/n)^n$$

auf jedem kompakten Intervall gleichmäßig gegen e^x konvergiert.

ZU KAPITEL VI

2) Zu $n \in \mathbb{N}$ und $t \geq 1$ setze: $I_n(t) := \int_0^n (1 - x/n)^n x^{t-1}\, dx$.

   (i) Zeige: $I_n(t) = \frac{n!}{t(t+1)\ldots(t+n)} \cdot n^t$.

   (ii) Leite daraus die Produktdarstellung der Gamma-Funktion ab:

   $$\Gamma(t) = \lim_{n \to \infty} \frac{1 \cdot 2 \cdot \ldots \cdot n}{t \cdot (t+1) \ldots (t+n)} \cdot n^t.$$

3) Für die Konvergenz einer Reihe $\sum_{n=1}^{\infty} f_n$ mit $f_n > 0$ gibt das Quotientenkriterium eine hinreichende Bedingung. Sie ist äquivalent zur Existenz eines $\beta < 0$ mit $f_{n+1} - f_n < \beta f_n$ für fast alle n. Formuliere eine analoge Bedingung für die Konvergenz eines uneigentlichen Integrals $\int_1^{\infty} f(t)\, dt$, $f > 0$, und beweise sie (Analogie zwischen Δf und f').

4) Wir betrachten eine Folge beliebig oft differenzierbarer Funktionen $\delta_n : \mathbb{R} \to \mathbb{R}$ mit den Eigenschaften:
   $\delta_n(t) \geq 0$ für alle t, $\delta_n(t) = 0$ für $|t| \geq 1/n$, $\int_{-\infty}^{\infty} \delta_n(t)\, dt = 1$.
   Zeige:

   (i) Eine solche Folge δ_n gibt es und sie ist eine Dirac-Folge.

   (ii) Für eine C^{∞}-Funktion $f : \mathbb{R} \to \mathbb{R}$ und $k \in \mathbb{N}_0$ berechne

   $$\lim_{n \to \infty} \int_{-\infty}^{\infty} \delta_n^{[k]}(t)\, f(t)\, dt.$$

   (iv) Berechne für $x \in \mathbb{R} \setminus \{0\}$ die **Heaviside-Funktion**

   $$H(x) := \lim_{n \to \infty} \int_{-\infty}^{x} \delta_n(t)\, dt.$$

   Was kann sich für $x = 0$ ergeben?

5) Sei $f : [a, b] \to \mathbb{R}$ stetig, $a < b$ und sei $\int_a^b x^n f(x)\, dx = 0$ für alle $n \in \mathbb{N}_0$. $f = ?$

6) Sei V der Vektorraum der stetigen Funktionen $f : \mathbb{R} \to \mathbb{R}$, die nur auf einer beschränkten Menge nicht verschwinden. Für $f, g \in V$ definiere die **Faltung** $f * g$ von f und g durch

   $$(f * g)(x) := \int_{-\infty}^{\infty} f(x - t)\, g(t)\, dt.$$

Zeige: (i) $f * g \in V$, und $f * g = g * f$.

(ii) Gibt es eine Funktion $e \in V$ mit $e * f = f$ für alle $f \in V$?

Zu Kapitel VI

1) Zeige, daß eine monotone Funktion $f : \mathbb{R} \to \mathbb{R}$ höchstens abzählbar viele Unstetigkeitsstellen hat.

Hinweis: Wo f springt, überspringt f eine rationale Zahl.

2) Wir nennen einen Punkt $x = (x_1, x_2) \in \mathbb{R}^2$ **rational**, wenn beide Komponenten x_1, x_2 in $\mathbb{Q}$ sind. Seien nun $x, y \in \mathbb{R}^2$ *nicht* rational. Zeige, daß es einen Kreisbogen gibt, auf dem x und y liegen, und der keinen rationalen Punkt trifft.

Hinweis: es gibt viele Kreisbögen durch x und y.

3) Sei $(a_\lambda \mid \lambda \in \Lambda)$ eine Familie nicht verschwindender Zahlen. Für jede Injektion $\varphi : \mathbb{N} \to \Lambda$ konvergiere $\sum_{n=1}^{\infty} a_{\varphi(n)}$. Zeige, daß Λ abzählbar und $\sum_{\lambda \in \Lambda} a_\lambda$ unabhängig davon ist, wie man Λ in einer Folge anordnet. Hinweis: Für wieviele λ ist $|a_\lambda| > 1/n$?

4) Eine Abbildung $f : X \to X$ eines vollständigen metrischen Raumes (X, d) heißt **kontrahierend**, wenn es eine reelle Zahl $L < 1$ gibt, mit

$$d\big(f(x), f(y)\big) \leq L \cdot d(x, y)$$

für alle $x, y \in X$. Zeige, daß eine kontrahierende Abbildung genau einen Fixpunkt hat, das heißt, $f(p) = p$ für genau ein $p \in X$, **Banachs Fixpunktsatz**. Schritte:

(i) Ist $x \in X$ und x_n definiert durch $x_0 = x$, $x_{n+1} = f(x_n)$, so ist $d(x_n, x_{n+1}) \leq L^n d(x_0, x_1)$.

(ii) (x_n) konvergiert.

(iii) $p = \lim_{n \to \infty}(x_n)$ ist ein (und der einzige) Fixpunkt.

5) Sei W die Menge der reellen Folgen $(a_n \mid n \in \mathbb{N}_0)$, für die $\sum_{n=0}^{\infty} a_n^2$ konvergiert. Zeige:

(i) W ist ein Untervektorraum des reellen Vektorraumes aller reellen Folgen $(a_n \mid n \in \mathbb{N}_0)$.

(ii) Durch $\langle (a_n), (b_n) \rangle := \sum_{n=0}^{\infty} a_n b_n$ wird ein euklidisches Skalarprodukt auf W definiert.

Es bezeichne $|a| := \sqrt{\langle a, a \rangle}$ die Norm eines Elements $a = (a_n)$ von W. Zeige:

(iii) $|a| \geq \|a\| := \sup\{|a_n| \mid n \in \mathbb{N}_0\}$.

(iv) W ist vollständig.

Hinweis: Zeige: Eine Cauchy-Folge in W bzgl. $|\cdot|$ konvergiert gliedweise gegen ein Element von W, und dieses ist der Limes der Cauchy-Folge in $(W, |\cdot|)$.

(v) Wenn $\sum_{n=1}^{\infty} a_n^2$ konvergiert, so auch $\sum_{n=1}^{\infty} a_n / n$.

6) Sei V ein euklidischer Raum mit einem vollständigen Orthonormalsystem $(v_n \mid n \in \mathbb{N}_0)$, und sei W der Hilbertraum von Aufgabe 5.

Zeige, daß die Abbildung $\varphi : V \to W$, $x \mapsto (\langle x, v_n \rangle \mid n \in \mathbb{N}_0)$ linear und injektiv ist und das Skalarprodukt erhält, also $\langle x, y \rangle = \langle \varphi(x), \varphi(y) \rangle$. Auch ist sie genau dann ein Isomorphismus, wenn V vollständig, also ein Hilbertraum ist.

7) (i) Zeige, daß das n-te Lengendrepolynom P_n jeweils n verschiedene Wurzeln im Intervall $(-1, 1)$ hat. Hinweis: Sonst gäbe es ein Polynom $g \neq 0$ vom Grad höchstens $n - 1$ mit $g \cdot P_n \geq 0$ auf dem Intervall $[-1, 1]$.

(ii) Zeige die Formel von **Rodriguez** für die Legendrepolynome:

$$P_n(x) = \frac{1}{2^n n!} \frac{d^n}{dx^n} (x^2 - 1)^n.$$

Hinweis: Der Grad stimmt, $P_n(1)$ stimmt, $\langle P_n, P_m \rangle_2 = 0$ auf $[-1, 1]$ für $n \neq m$. Berechne $|P_n|_2$.

8) Betrachte Teilmengen X eines topologischen Raumes T. Es sei $aX = \bar{X}$ der Abschluß und $iX = \overset{\circ}{X}$ das Innere von X in T. Zeige:

$$aiaiX = aiX, \qquad iaiaX = iaX.$$

Zeige an Beispielen $X \subset \mathbb{R}$, daß $iaiX \neq iX$ und $aiaX \neq aX$ sein kann. (Sport: Gib eine Teilmenge $X \subset \mathbb{R}$ an, aus der durch wiederholtes Anwenden von a und i möglichst viele verschiedene Mengen entstehen).

9) Zeige, daß eine stetige Abbildung $f : [0,1] \to [0,1]$ stets einen Punkt festläßt: $f(x) = x$ für ein x.

10) Sei $f : \mathbb{R}_+ \to \mathbb{R}$ stetig, $0 \le a < b$, und für jedes $t \in [a,b]$ sei die Folge $(f(nt) \mid n \in \mathbb{N})$ konvergent. Folgt die Existenz von $\lim_{x \to \infty} f(x)$? Hinweis: Dies ist nicht so einfach.

11) Sei K kompakt, $f_n : K \to \mathbb{R}$ stetig, $f_n \le f_{n+1}$ für alle $n \in \mathbb{N}$, und die Folge (f_n) konvergiere punktweise gegen eine stetige Funktion $f : K \to \mathbb{R}$. Zeige, daß sie gleichmäßig konvergiert. (Satz von **Dini**)

12) Seien $D^n = \{x \in \mathbb{R}^n \mid |x| \le 1\}$ und $S^{n-1} = \{x \in \mathbb{R}^n \mid |x| = 1\}$ der Einheitsball und die Einheitssphäre. Sei D^n/S^{n-1} der Quotientenraum von D^n, der durch Identifikation von S^{n-1} zu einem Punkt entsteht. Zeige, daß D^n/S^{n-1} zu S^n homöomorph ist.

13) Zeige, daß $\mathbb{R}$ nicht homöomorph zu $\mathbb{R}^2$ ist.
Hinweis: Hängt $X \smallsetminus \{p\}$ zusammen?

14) Zeige, daß eine nicht leere offene Teilmenge von $\mathbb{R}$ eine disjunkte Vereinigung von abzählbar vielen offenen Intervallen ist.

15) Konstruiere einen zusammenhängenden aber nicht bogenweise zusammenhängenden Raum.
Hinweis: Betrachte die letzte Figur.

16) Gib alle zusammenhängenden Teilmengen von $\mathbb{R}$ an.

17) Sei K kompakt und A abgeschlossen in $\mathbb{R}^n$. Zeige, daß es Punkte $p \in K$, $q \in A$ gibt, mit $|p-q| \le |x-y|$ für alle $x \in K$, $y \in A$, also in p,q kommen sich K und A am nächsten.

18) Sei V ein Banachraum und $B_n = \{x \in V \mid |x - p_n| \le r_n\}$ eine Folge abgeschlossener Kugeln mit $B_n \supset B_{n+1}$ für alle $n \in \mathbb{N}$. Zeige, daß es einen gemeinsamen Punkt aller B_n gibt. Unterscheide die Fälle: $(r_n) \to 0$ oder nicht.

ZU KAPITEL VI   229

19) Konstruiere eine unstetige Funktion $f : \mathbb{R}^2 \to \mathbb{R}$, deren Einschränkung auf jede Gerade stetig ist.
Hinweis: Wähle f geeignet auf $\{(x,y) \mid x^2 < y < 2x^2\}$ und $f = 0$ sonst.

20) Sei Z ein topologischer Raum, X, Y abgeschlossen in Z und $X \cup Y$ und $X \cap Y$ zusammenhängend. Sind dann auch X und Y zusammenhängend?

21) Sei $A \subset \mathbb{R}^n$ abgeschlossen und $\partial A = A \smallsetminus \overset{\circ}{A}$ zusammenhängend. Zeige, daß A zusammenhängt. Hinweis: Aufg. 20.

22) Mit Bezeichnungen von Aufg. 12 sei $U = D^n \smallsetminus S^{n-1}$. Sei $f : D^n \to D^n$ stetig, $f(U)$ offen in $\mathbb{R}^n$ und $f(S^{n-1}) \subset S^{n-1}$. Zeige: $f(U) \subset U$, und die Abbildungen

$$f|U : U \to U, \quad f|S^{n-1} : S^{n-1} \to S^{n-1}$$

sind surjektiv.

23) Seien f und g stetige Funktionen auf ganz $\mathbb{R}$, und es sei $g(f(x)) = x$ für alle $x \in \mathbb{R}$. Zeige, daß f ein Homöomorphismus von $\mathbb{R}$ auf sich mit Inversem g ist.

Literatur

Über einen Grundbestand dessen, was im ersten Semester in Analysis gebracht werden sollte, sind die Autoren ziemlich einig, und die Lehrbücher sind sich sehr ähnlich und fast alle zu empfehlen.

Ein gutes Skriptum mit dem notwendigen Minimum in sorgfältiger Darstellung bietet

O. FORSTER: *Analysis 1*, 4. Aufl. Vieweg,
Braunschweig 1983.

Als solides Lehrbuch mit reichhaltigeren Erklärungen empfehle ich

M. BARNER, F. FLOHR: *Analysis 1*, 2. Aufl. de Gruyter,
Berlin 1983.

Hier ist auch der zweite Band durchaus gelungen.

Unter den neueren Erscheinungen in deutscher Sprache kann man das Buch von

K. KÖNIGSBERGER: *Analysis 1*. Springer Verlag,
Berlin 1990

jedem empfehlen, der schon einen Einblick in den Zusammenhang des Ganzen gewonnen hat, denn es enthält einen großen Reichtum an schönen Materialien in bestimmter Kürze.

Bei meiner Vorlesung fühle ich mich dem Buch von

S. LANG: *Undergraduate Analysis.* Springer Verlag,
New York 1983

besonders verpflichtet. Dies Buch ist auch im zweiten Semester ein nützlicher und anregender Begleiter.

LITERATUR   231

Zur Einführung zugleich in den amerikanischen Stil will ich noch auf
das besonders gelungene schwungvolle Buch von

    M. SPIVAK: *Calculus.* W.A. Benjamin,
                    New York, Amsterdam 1967

hinweisen.

Zur Auskunft über die Konstruktion des Körpers der reellen Zahlen
mit Mitteln der Logik habe ich schon das Büchlein von

    E. LANDAU: *Grundlagen der Analysis.*
                Nachdruck Chelsea 1965

genannt.

Alle Bücher über unseren Gegenstand sind Bearbeitungen des Buches
von R. COURANT von 1927. Wir nehmen heute manches formaler
und genauer, möchten auch manches mit Blick auf das Höherdimen-
sionale besser gefaßt haben. Jedoch wird das auch mit Verlusten
bezahlt. Wir wollen uns vor dem Alten verneigen.

Symbolverzeichnis

$\mathbb{R}$ reelle Zahlen   1, 4

$\mathbb{R}_+$ Positivitätsbereich   4

$\displaystyle\sum_{\nu=1}^{n}$ Summe   6, 15

$\displaystyle\prod_{\nu=1}^{n}$ Produkt   6, 15

$=:$ Nach Def. gleich   6

$\Longleftrightarrow:$ Nach Def. äquivalent   6

$<, \le, >, \ge$ Anordnung   6

max   Maximum   10

min   Minimum   10

$\mathbb{N}$, $\mathbb{N}_0$ Menge der
natürlichen Zahlen   13

$n!$ fakultät   16

$B \smallsetminus C = \{x \in B \mid x \notin C\}$ 17

$\binom{n}{k}$, (k, ℓ) Binomialkoeffizient   17

$\mathbb{Z}$ ganze Zahlen   21

$\mathbb{Q}$ rationale Zahlen   21

$[a, b]$, (a, b), $[a, b)$, $(a, b]$
Intervalle   22

$\sup(M)$ Supremum   22

$\inf(M)$ Infimum   22

∞ Unendlich   22

$\bar{\mathbb{R}} = \mathbb{R} \cup \{\pm\infty\}$ 23

✠   Widerspruch   23

$(a_n \mid n \in \mathbb{N}) = (a_n)$ Folge   25

$\displaystyle\lim_{n \to \infty}$ Limes   26

$U_\varepsilon(p)$ Umgebung   26

$\displaystyle\sum_{k=0}^{\infty} a_k$ Reihe   33

$(-)^k = (-1)^k$ 42

$\overline{\lim} = \limsup$ 45

$\underline{\lim} = \liminf$ 45

$[x]$ ganzer Anteil   51

id   Identität   55

$\mathbb{R}[x]$ Polynomring   56

$g \circ f$ Zusammensetzung   56

$\lim_{x \nearrow p}$, $\lim_{x \searrow p}$ 57

$\|f\|$, $\|f\|_D$
Supremumsnorm   68

F_a^b integrable Funktionen
75, 80, 182

SYMBOLVERZEICHNIS

$\int_a^b f(x)\,dx$ Integral 76

$\int^*$ Oberintegral 80

$\int_*$ Unterintegral 80

$f_+ = \max(f, 0)$ 84

$f_- = f_+ - f$ 84

$f'(p)$ Ableitung 88

$\frac{dy}{dx}$ Ableitung 89

$dy,\ d_p f$ Differential 92

$f^{[n]} = \frac{d^n f}{dx^n}$ 93

$\left[F\right]_a^b = F(b) - F(a)$ 101

$\int f$ Stammfunktion 102

$e,\ e^x$ 108

π 111, 128

Δ Reihe zu einer Folge 124

Σ Folge zu einer Reihe 124

$j_p^n f$ Jet, Taylorpolynom 133

$\left.\frac{d^k}{dx^k}\right|_{x=p}$ Ableitung 133

$C^n,\ C^\infty$, n-mal stetig
    differenzierbar 150

$\mathbb{C}$ komplexe Zahlen 150

$\mathrm{Re}(z)$ Realteil 150

$\mathrm{Im}(z)$ Imaginärteil 150

$i = \sqrt{-1}$ 150

$\zeta(\alpha)$ Zetafunktion 164

$\Gamma(t)$ Gammafunktion 167

$\delta(t)$ Dirac-Funktion 169

$f * g$ Faltung 171

$\langle v, w \rangle$ Skalarprodukt 178

$|v|_2,\ \langle v, w \rangle_2$ L^2-Metrik 179

$|v|_1$ L^1- Norm 182

χ_X charakteristische
    Funktion 192

$d(x, y)$ Metrik 193

$\overset{\circ}{X}$ Inneres 199

$\overline{X}$ Abschluß 199

$C(X, Y) = C^0(X, Y)$
    stetige Abb. 201

$X \times Y$ Produkt 202

$X \sqcup Y$ Summe 203

S^n Sphäre 206

$\mathbb{R}P^n$ projektiver Raum 206

Namen- und Sachverzeichnis

A

Abbildung 2

Abel 125

abgeschlossen 22, 199, 207

−, Gerade $\bar{\mathbb{R}}$ 23 ,45, 56

Ableitung 88ff

−, formale 126

−, n-te

Abschluß 199, 227

absolut 11, 129, 166

−, konvergent 47, 49

Abstand 193, 228

abzählbar 190

Addition 4

−, Folgen 30

Additionstheorem 117, 154

Additivität des Integrals 76

affin 88

algebraisch 193

algebraische Operation
und lim 30

allgemeine Potenz 108

allg. Mittelwertsatz 156

alternierende Reihe 42

analytisch 131, 145

Anordnung 4, 6ff

−, und lim 32

antisymmetrisch 110

Approximation, Dirac 171

−, trigonometrisch 189

−, Weierstraß 173, 187f

Archimedes 23

arcsin 139

arctan, Arkus-
tangens 105, 110f, 128

Argument 155

assoziativ 5

asymptotisch proportional 218

Axiome für $\mathbb{R}$ 4, 49

B

b-ale Zahl 48

Banach-Fixpunktsatz 226

Banachraum 70, 197, 228

beliebig 53

Bernoullische Ungleichung 20

Bernoullizahlen 143

berühren 199

Berührungspunkt 199

beschränkt 21, 36, 58, 121, 209

−, Folge 44

Besselsche Ungleichung 186

bestimmt divergent 28

Betrag 11, 63 180

−, in $\mathbb{C}$ 151
−, integrabel 84
bijektiv 16, 201, 209
Bijektion 16, 209
Bild 53
bilinear 178
Binomialkoeffizient 17, 137,
   217, 223
Binomische Reihe 137
Binomischer Lehrsatz 19, 138
Bogenkomponente 215
bogenweise zusammen-
   hängend 214, 228
Bolzano-
   Weierstraß 44, 57, 213
Borel, Satz 148
−, Heine 212

C
$\mathbb{C}$ 150ff
C^n, C^∞ 150
$C(X, Y)$ 201
Cantor 192
cartesisches Produkt 202
Cauchy-Abzählung 191
− Folge 49, 196
− Kriterium 46, 69, 165
− Produkt 129, 131 140
− Verdichtungslemma 39
charakteristische Funktion 192
chinesische Notation 178
cos 112ff, 224
−, Fourierentwicklung 188ff
−, komplex 153

−, Taylorreihe 136f

D
definit 178
Definitionsgebiet 53
de l'Hospital, Regeln 157f
Deltafunktion 169
Dezimalzahl 1, 47, 220
dicht 199
Dichte 171
Differential 92
Differentialquotient 88
Differenzenquotient 88
differenzierbar 88, 93
−, n-mal stetig 93
Dini 228
Dirac-Approximation 171
− Familie 175
− Folge 169ff
disjunkte Vereinigung 204
diskret 198
distributiv 5
divergent 27, 40
Drehung 114, 155
Dreiecksungleichung
   12, 68, 152, 180, 193
−, Integral 84
Dualzahl 48

E
e 41, 108
Ebene 2
Eindeutigkeit (lim) 29
Einheit 5

Einheitsvektor 184

einseitig differenzierbar 100

endlich 15, 190

—, Überdeckung 207

— viele 27

Entwicklungspunkt 121

Erwartungswert 171

euklidischer Raum 177ff

Eulersche Formel 154

Eulersche Konstante 165

—, Zahl e 41, 108

Exponentialfunktion,
    exp 41, 106ff, 129, 158

—, Taylorreihe 41

—, komplex 153

Extremum 97

F

F_a^b 75, 81, 177ff

fakultät 16

fallen 36

Faltung 172, 225

fast alle 26

feiner 71

Fibonacci 26, 29, 220

Fixpunkt 226, 228

Folge 25

—, von Funktionen 65

Folgen und Reihen 33, 124

folgenstetig 54

formale Ableitung 126

formales Integral 126

Formel 193

fortsetzen,

diffb. Funkt. 149

Fourier-Entwicklung 183ff, 188

fremd 198

Fresnelsches Integral 168

Funktion 2

Funktional 76, 85

G

Gammafunktion 167, 225

ganze Zahl 21

ganzzahliger Anteil 52

Gaußverteilung 176

genügend groß 27

—, wenig 53

geometrische
    Reihe 34, 122, 138

gerade Funkt. 110, 154

gleichmäßig
    konvergent 67f, 72, 119

—, absolut konvergent 47, 129,
    166

gleichmäßig stetig 64, 213

Glied 33

gliedweise Ableitung 126

Glockenfunktion 147f, 176

goldener Schnitt 220

Grad 56

Graph 2

Grenze 22

—, des Integrals 78

Grenzwert 26

— und Ableitung 127

—, Eindeutigkeit 29

—, Reihe 33

— Satz von Abel 125
gröbst 198
größer 6
größergleich 6
Grundlagen 4

H
Hadamard-Formel 123
halboffen 22
harmonische Reihe 40, 164
Häufungspunkt 44
Hauptsatz 100
Hauptzweig arctan 110
Hausdorff-Eigenschaft 196
hausdorffsch 198
Heaviside-Funktion 225
Heine-Borel, Satz 212
Hilbertraum 197, 226f
hinreichende Bedingung 35
höhere Ordnung 89, 135, 166
homogen 68, 180
homöomorph 201
Homöomorphismus 201, 209
de l'Hospital, Regeln 157f

I
i 8
id, Identität 55, 92, 201
Imaginärteil, Im(z), 150
Induktion 13ff, 21
Infimum, inf 22
injektiv 17, 61
Inneres 199, 227
integrabel 75, 81

Integral, Definition 75ff
—, formales 126
—, Potenzreihe 120ff
—, stetiger Operator 85
—, unbestimmtes 102
—, uneigentliches 160ff
Integralnorm 181
Intervall 22, 61f
—, kompakt 57, 64, 210
— nicht abzählbar 192
— zusammenhängend 215
intervalladditiv 76, 86
Inverses 5
irrational 24
isoliert 97
Isomorphismus
$(\mathbb{R}, +) \cong (\mathbb{R}_+, \cdot)$ 109

J
Jet 133
—, konvergent 136
—, verschwindender 145
—, vorgegebener 148

K
kanonische Inklusion 204
— Projektion des
    Produkts 202
kanonisches Skalarprodukt 179
Kettenregel 91, 103, 143
kleiner 6
kleinergleich 6
Koeffizient 121
—, unbest. 142

kommutativ 5

kompakt 58, 206ff

Komplement 199

komplett 196

komplexe Potenzreihen 150ff

− Zahlen 8, 150

Komponente 215

Konjugation 151

Konstruktion von $\mathbb{R}$ 49

kontrahierend 226

konvergent 26ff, 45, 56, 196

−, Ableitung 119

−, absolut 47, 129, 166

−, gleichmäßig 70, 119

−, − absolut 69, 121

−, Integral 161

−, normal 69, 120

−, punktweise 65

Konvergenz-
   begriffe 65, 152, 183

− Intervall 122

− Kreis 153

− Radius 121f, 153

Körper, angeordneter 4, 8

Körperaxiome 5

Kosinus 112ff

−, Fourierentwicklung 141

−, komplex 153

−, Taylorreihe 136f

Kreisbewegung 114, 155

Kugel 194, 201

L

L^2-Metrik 177ff

L^1-Norm 182

L^2-Norm 181

Lagrange-Restglied 135, 159

Landau 4

Länge 180

Legendrepolynom 187f, 227

Leibniz-Kriterium 42

Leitkoeffizient 56

Limes, lim 26, 56

− und Integral 85

$\lim_{x \nearrow p}$, $\lim_{x \searrow p}$ 57

$\underline{\lim}$, lim inf 45

Limes inferior 45

$\overline{\lim}$, lim sup 45, 123

Limes superior 45, 123

linear 30, 36, 77

Linearität, Ableitung 90

−, Integral 77

Lipschitz-stetig 77, 86, 182

Logarithmus,
   log 106ff, 128, 164

−, Integral 105

−, Taylorreihe 128

$\log(2)$ 43, 128

lokal 55, 93, 97

lokale Eigenschaft 56, 124

lokales Verhalten
   von Funktionen 93ff, 99

M

Majorante 39, 47, 162

Massenpunkt 171

Maximum,
   max 10, 58, 63, 97, 212

max(f) integrabel 84
Menge 190
Metrik 193
metrischer Raum 193, 200
Minimum,
   min 10, 15 ,58 ,63, 97, 212
min(f) integrabel 84
Mittel, arithm.
   u. geom. 217, 221
Mittelwertsatz,
   Differentialrechnung 95, 156
$-$, Integralrechnung 87
mittlere Zahl 217
Möbiusband 206
modulo 141, 182
monoton 9, 36f, 61, 96
monoton, $\Longrightarrow$ integrabel 81
$-$, Konvergenz 37, 162
monoton, Teilfolge 43
Monotonie des Integrals 76
Morphismus 200
Multiplikation 4,
$-$ von Folgen 30
$-$, in $\mathbb{C}$ 155
multiplikativ, lim 30

N
$\mathbb{N}$, $\mathbb{N}_0$ 13
natürliche Zahl 13
negativ 59f
Newton-Verfahren 38f
niedrig 43
Norm 68, 180
normal konvergent 69, 120

normierter Raum 183, 194
Normierung
   des Integrals 76, 78
notwendige Bedingung 35
Nullfolge 40
Nullstelle 58f

O
OBdA = ohne Beschränkung
   der Allgemeinheit
obere Grenze 22
$-$ des Integrals 78
oberer Häufungspunkt 45
obere Schranke 21
Oberintegral 80
offen 22, 194, 197
offene Überdeckung 206
Ordnung 89, 135, 166
orthogonal 184
Orthogonalprojektion 185
Orthonormalbasis 183, 185

P
Parabel 51
Parsevalsche Gleichung 186
Partialbruchzerlegung 222
Partialintegral 161
Partialsumme 33
Partielle Integration 104
$-$, Summation 125
periodisch 113, 189
Permutation 17
Pi, π 1, 43, 111, 128, 193
Polarkoordinaten 118, 155

Polynom 55, 60, 193, 221
−, Approximation 173, 187f, 190
−, Taylor 133
−, trigonometrisches 189
positiv 6, 36, 38, 49, 60
positiv definit 178
positiv homogen 68, 180
Positivitätsbereich 4
Potenz 6, 108
−, Ableitung 97
Potenzmenge 17, 192
Potenzreihe 120ff
−, komplexe 152ff
Produkt 5f, 9, 15
−, Folgen 30
−, integrabler
    Funktionen 87, 220
−, Reihen 129, 140
−, stet. Fkt. 55
−, top. Räume 202, 211
Produktregel 90, 104, 125, 140
Projektion, kanonische 202
projektiver Raum 206
Punkt 53, 193, 198
punktweise konvergent 65

Q
$\mathbb{Q}$ 21, 24, 109, 190, 215
Quadrant 118
Quadrat 60
− nicht negativ 8
−, Integralmetrik 181
Quotientenkriterium 41, 225

Quotientenraum 205
Quotientenregel 90f
Quotiententopologie 205, 208

R
$\mathbb{R}$ 4
Rand, Konvergenzint. 122f
rationale Funktion 56
−−, Integral 105
− Operation 55, 90, 140
− Zahl 21, 24
Realteil, Re(z) 150
reelle Zahl 5
Regelfunktion 73
Reihe 33ff, 162ff
− und Folge 33, 124
− von Funktionen 65
− u. Integral 162ff
Restglied 133, 135, 159
Riemann-integrabel 80
Riemannintegral 74ff, 81, 197
Rodriguez 227
Rolle, Satz 94

S
Sägezahnfunktion 52
schließlich 27
Schmidt-Ortho-
    normalisierung 187
Schranke 21
Schwarzsche Ungleichung 180
Schwingungsgleichung 115
semidefinit 178
Seminorm 178, 180

sign $(\pm)$ 66
Sinus, sin 112ff, 224
—, Fourierentwicklung 188ff
—, komplex 153
—, Taylorreihe 136f
—, Umkehrfkt. 62
Skalarprodukt 178
Sphäre 206
Stammfunktion 100
Standard-Einheitsvektor 184
stetig 51ff, 200, 229
— bei ∞ 57
— differenzierbar 93
— $\Longrightarrow$ integrabel 81
Stetigkeit,
    Grenzfunktion 67, 70
—, Integral 77, 85
Stirling, Formel 222
streng monoton 36 96
Substitution, Integral 102
Summe 5f, 9, 15, 33
—, topologische 203
Supremum, sup 22
Supremumsnorm 68
surjektiv 17
Symmetrie 193
symmetrisch 110, 178

T
Tangens, tan 111f, 142
Taylorentwicklung 132ff, 148
Taylorformel 134
Taylorpolynom 133
Taylorreihe 133, 148

—, konvergent 136
—, verschwindend 145
—, vorgegeben 148
Teilfolge 32, 43
Teilmenge 17
Teilraum 194, 198
— Topologie 198
Topologie 197
topologisch, Produkt 202, 211
—, Raum 197
—, Summe 203
Transformationsformel 102
transitiv 7
Treppenfunktion 71, 79, 183
trigonometrisch, Approx. 189
—, Funktion 110ff, 224
—, Polynom 189
Tubenlemma 211
Tubenumgebung 211

U
überabzählbar 192
Überdeckung 206
Umgebung 26, 194, 198
Umkehrfunktion
    96, 103f, 201, 209
—, Integral 103f
Umordnung 32, 49f
unbestimmt, Integral 102
—, Koeffizienten 142
uneigentliches Integral 160ff
Unendlich, ∞ 22, 28 ,45
unendlich viele 27
ungerade Funktion 110, 154

Universelle Eigenschaft
— des Produkts 203
— des Quotienten 205
— der Summe 204
unstetig 54, 229
— diffb. 118
untere Grenze 22,
— des Integrals 78
unterer Häufungspunkt 45
untere Schranke 21
Unterintegral 80
Unterraum 194, 198
Urbild 54
Ursprung 2

V
Varianz 176
verbindbar 215
verbinden 214
Verdichtung einer Reihe 39
Verfeinerung 71
Vergleich, Reihe u.
Integral 162ff
vergleichbar 7
verkleben 204f
Verknüpfung 4
Vertauschbarkeit, Grenzw.
u. Ableitg. 127, 175
Vertauschen von
Grenzwerten 66, 127
—, Grenzw. mit alg. Op. 30
verträglich 30, 140
vollständig 21ff, 196

vollständige Induktion 13ff, 21
vollständiges Ortho-
normalsystem 186
Vollständigkeitsaxiom 4, 21ff

W
wachsen 36
Wahrscheinlichkeitsmaß 171
Weg 214
wegweise zusammen-
hängend 214, 228
Weierstraß 44, 69, 173
—, Konvergenzsatz 69
Winkelfunktion 110ff, 183
—, Integration 154
Wohlordnung 20
Würfel 201
Wurzel 24, 38, 59, 63, 138
—, irrational 24
Wurzelkriterium 41

Z
$\mathbb{Z}$ 21
Zerlegung 71
Zeta-Funktion 40, 164
zusammenhängend 214, 228
zusammenkleben 204f
Zusammensetzung
analyt. Funkt. 145
— differenzierbar 91, 143
—, stetiger Funkt. 56, 201
—, Taylorreihen 143
Zwischenwertsatz 58, 215